觉察之道

蓝狮子 著

 四川文艺出版社

图书在版编目（CIP）数据

觉察之道 / 蓝狮子著. -- 成都：四川文艺出版社，2025. 7.（2025. 11 重印）-- ISBN 978-7-5411-7291-5

Ⅰ. B842.6-49

中国国家版本馆 CIP 数据核字第 202527BM76 号

JUE CHA ZHI DAO

觉察之道

蓝狮子 著

出 品 人　冯　静
策划出品　舟行乐读
特约监制　何亚娟
责任编辑　王梓画
责任校对　段　敏
特约编辑　夏　童
装帧设计　棱角视觉

出版发行　四川文艺出版社（成都市锦江区三色路 238 号）
网　　址　www.scwys.com
电　　话　028-86361781（编辑部）

印　　刷　河北鹏润印刷有限公司
成品尺寸　145mm×210mm　　　　开　　本　32 开
印　　张　9　　　　　　　　　　字　　数　240 千
版　　次　2025 年 7 月第一版　　印　　次　2025 年 11 月第二次印刷
书　　号　ISBN 978-7-5411-7291-5
定　　价　68.00 元

谨 以 此 书 ，

献 给 所 有 被 情 绪 困 扰 的 人 ！

推荐序：

醒来之道

静夜独坐，新月如钩，喝着新泡的老茶，我一口气读完了这本书。

也许有人会说，这本书教我们如何管理情绪；也许有人会说，这本书是关于心理分析与疗愈；也许有人会说，这本书是生活实用禅修指南……

每个人眼里的世界都不一样，如果有不同的认知实属正常。

不过我想说，这本书其实是教我们如何醒来。《华严经》有云："如人睡梦中，造作种种事，虽经亿千岁，一夜未终尽。"

我们迷失在妄念的丛林里，深陷在情绪的泥沼中，沉醉在虚幻的执着中，犹如一场大梦。于"本来无一物"中徒生爱恨情仇，流落生死苦海，却不知一念觉察，心契于道，不为外境所惑，即可渐渐醒来，而终至圆满。故而"觉察之道"即"醒来之道"。

东方传统文化充满了"觉察之道"。从传统儒家的"三省四勿"到阳明心学的"致良知"，从道家的"性功修炼"到禅宗的"参禅法门"，从南传佛教的"四念处"到藏传佛教的"大圆满"，无不是以"觉察自心"作为入手处。而东方传统文化的圣贤们，被称为"觉者"，也就是"醒来之人"。

试问人世间的一切问题，有哪一样不是起于心的迷妄？那么终极的解决之道，又怎能不依靠反观觉察？

小至家庭不和，大至世界大战，最初皆起于一念。小至情绪管理，大至悟道成就，入手皆始于觉察。

觉察之道，妙哉，妙哉！

然而传统经典，多晦涩难懂，令人望而却步，法门虽多，却很少有适合现代人的。本书所教授的觉察之道，简易直接，深入日常生活，处处不离根本大道，切实解决实际问题，可谓是契理契机、用心良苦之作。

让我们一起跟随这本书，觉察，醒来……

宗翎

自序：
觉察是一扇门

● ●

我们走向彼岸的每一步，实际上都是到达彼岸本身。[1]

——铃木俊隆

这是一本不断完善与更新的书，主要介绍在生活中修行的方法——觉察。最初只是想写一篇介绍文章，后来根据"必经之路"[2]同学们提出的问题，不断更新，经过两三年，形成了这本书。虽然文字内容越来越多，但核心只有一句话：知道此刻的正在发生。

这是一本教人如何在生活中修行的指导书，有理论介绍，有指导方法，有系列教程。过去几年中（以前提供电子版），有几千位"必经之路"的同学学习过此书，有人甚至认真研读过十遍以上。

如果你经常被情绪困扰，容易愤怒、焦虑、抑郁、抱怨、沮丧等，如果你经常失眠、颓废、无助、迷茫，甚至绝望，如果你正陷入生活的困境，建议你试着详细阅读此书，并按照书中提供的方法进行练习。

---

1 摘自《禅者的初心》，铃木俊隆著，梁永安译。

2 "必经之路"是一个引导大家在生活中修行，增长智慧减少烦恼的公益组织。

你或许会怀疑："这本书提供的方法，到底有没有用，会不会浪费我的时间？"

你看，多有意思的模式！你一直在追求效率，担心误信一本书，多做了几个练习会浪费自己的时间。但你想想，过去几十年，你哪天没有浪费时间？你平时很有效率，为何生活还是如此糟糕？既然已经如此糟糕了，试试又何妨？

万一真的有用呢？何不给自己一次机会，一次改变的机会？或许，从此，在你所处的生活的困境中，会打开一扇门！觉察是一扇门，打开它，你会体验到一个全新的世界。

每个人的世界，就是一场梦。哪怕你睁着眼睛，也在做梦。每个人都有自己的梦，一万个人，有一万场梦。你无法进入他人的梦，哪怕你和他睡在同一张床上。你也无法看清自己的梦，因为你一直在沉睡。自古以来，那些圣人和诸佛的教导，都只有一个目的——醒来。修行，如果说修行有目的，那只有一个目的——醒来。觉察，是为了让你醒来。你懂了觉察，练习觉察，至少你能知道自己在做梦，看见自己的梦。

这可能是你从来没有体验过的世界。当然，能不能醒来，不在于方法，不在于老师，而在于你自己。

从2022年开始，公益组织"必经之路"开始了天空训练营，我担任主讲老师，指导大家如何在生活中修行。每期内容都不大一样，但每一期最重要的主题都一样：觉察。

觉察，是个古老的禅修法门，佛陀在证悟之后，教导大家吃橘子，回到当下，感知所有的发生，不评判，不跟随，只是知道。这就是觉察。"觉察之道"这个名字来自佛陀和弟子的一段对话，我借来一用。

缚悉底合起掌来："尊敬的导师，我们可以叫它'觉察之道'吗？"

悉达多笑笑："当然可以。我们可以叫它'觉察之道'。我很喜欢这叫法。'觉察之道'可导致完满的醒觉。"

……

修习觉察之道就是要体证生命的实相。这实相就是无常。一切都没有永恒和个别的自体。一切总有一天会成为过去。当一个人看清事物的无常之性，他的视线便会变得平静和谐。无常的存在不会为他的身心带来困扰。

——一行禅师《佛陀传》

觉察之道，可以实现完满的觉醒，可以体证生命的实相。

我结合自己的实修经验，和"必经之路"的同学们一起实践，把觉察之道应用到生活中，于是就有了这本书。经过很多同学的实践验证，此方法对于当下忙碌的人们，特别是对那些被情绪所困扰的人来说，尤其有效。

觉察之道，有两大特点：实用、简单。

此方法实用且强大，能解决生活中七成以上的烦恼。有人会觉得："生活中那么多复杂的问题，那么多不一样的烦恼，这个方法能解决七成以上，太夸张了吧！"其实，在我心中更夸张。我认为一旦掌握好觉察的方法，生活中九成的烦恼都会迎刃而解，真实不虚！这几年，几千名同学学习过、实践过，大部分同学都能体会到这个方法的强大，生活有了明显的变化。

方法很强大，但并不复杂，反而很简单。大道至简，真正强大的东西，都不会很复杂。不过，简单并不意味着容易。正是因为太简单，可能一开始我们会很不适应。我们习惯了复杂的生活，习惯把问题搞复杂。例如，有人插队在你前面，你会生气、会呵斥，责怪他为什么没有道德，甚至和他争吵一番，之后还会愤愤不平，感叹人心不古、世风日下。这就是复杂。而你当下真正要做的是，要么提醒他不要插队，要么接受他插队。就这么简单。修行，让人越来越简单。觉察，就是让人变得简单的方法。

觉察很简单，简单到你不用学，因为你本来就会；简单到你时刻都知道，但一直在错过；简单到什么都不需要做，是的，什么都不做，连"不做"也不做。

等你真正懂了觉察，并开始在生活中坚持练习，你会发现生活开始变得精彩起来。生活还是以前的生活，但你看见的世界已经不一样了，你体验到的生活也不一样了。而且，你依然还是那个你，但烦恼已经不再是烦恼，问题也不再是问题。

不过也不要期望太高。可能你容易入门，但持续深入，到真正地掌握并应用自如，却不容易。这需要坚持练习，最好有老师指导，因为一不小心可能就会走偏了。生活没有捷径可走，修行更是如此。你懂了修行方法，如果不坚持练习，那也就是学了点知识，懂了点道理，你的生活不会有任何改变。

觉察是生活中修行的基础。征服世界，是英雄，而征服自己，是修行。懂了觉察，就可以在日常生活中修行了。修行，是探索自己"心"的游戏，也是勇敢者的游戏。你准备好了吗？

来吧，勇敢一点！请推开这扇门！

蓝狮子

目录

多少次夜里，有泪水滑落，
多少次醒来，又平静生活。

日复一日，重复工作，
年复一年，岁月蹉跎。

热闹的街头，冰冷的宿舍，
熟悉的家人，陌生的过客。

生老病死，悲欢离合，
繁华落尽，泪眼婆娑。

无数次询问，却没有结果：
人，为什么要活着？

——"必经之路"天空训练营主题曲《跟着我》

第一章
在生活中修行

> 风随着意思吹，你听见风的响声，却不晓得从哪里来，往哪里去。
>
> ——《约翰福音》(3:8)

很多人怀念以前，总觉得以前的日子，过得比较快乐，烦恼比较少。

大约20世纪80年代，人们的烦恼普遍比较少。在那个年代，人们大部分的烦恼是如何让自己吃饱、穿暖，让孩子有钱上学。我记得上小学时，一学期五块钱的学费，每次都要拖上几个星期才能凑齐。现在不一样了，绝大多数人不会因温饱而操心，再穷的人，哪怕生活在穷乡僻壤，只要他愿意，也能解决自己的温饱。这是和平与政策的利好。

然而，物质条件提升了，人们富裕了、有钱了，烦恼就解决了吗？现实生活并非如此！穷的时候，只有一个烦恼：没钱。有了钱以后，无数烦恼就出现了。没吃饱，只有一个烦恼；吃饱后，就需要面对很多烦恼。

我们看看周围，有哪个家庭是真的幸福呢？我们觉得隔壁老王家挺好，但去他家一看，也有很多烦恼。再看看自己，辅导孩子时鸡飞狗跳、情绪失控；和爱人相处，几乎天天因鸡毛小事闹矛盾；

在工作中，总觉得公司亏欠自己；和父母或公婆住一起，各种矛盾无法调和……

现代社会，人们的精神状况，似乎越来越糟糕。

2022年，我国抑郁症患者人数达到了9500万[1]，这个数字还在快速增加。不只是成年人，很多青少年也面临心理问题，有时在新闻里看到一些孩子因为心理问题做出极端的事，会让人不免扼腕叹息。

我认识某小学班主任，她带过很多班，班上经常会遇到一些特殊的小孩：自闭的、躁狂的、抑郁的。我还认识某个名牌大学的老师，他说学校十多年前心理辅导老师只有两三个，现在学校有二十来个心理辅导老师，还忙不过来。无论是小学还是大学，这种现象已然普遍。学校还算单纯的地方，主要任务只有学习，但学校尚且如此，何况学校之外呢？

有人说："我家孩子的性格缺陷，是天生的，没办法啊！"

不排除某些孩子有天生疾病，但大多数问题孩子，是被大人"影响"成这样的。来，给大家看一个生活中实际发生的例子。

外公带二宝回来，二宝输密码，大宝在看电视，我在忙别的事。

大宝听到开门声，主动帮二宝开门，门推开了，二宝哇哇大哭。我闻声出来，看到二宝的嘴唇很肿，流着血。

强烈的心疼之后，我火冒三丈，对着大宝的屁股踢了两脚。大声对大宝呵斥："你推门小心点啊，不知道妹妹在外面吗？！"

我看到旁边的外公咬着嘴唇，但什么话都没说，只是表情难看。我愤怒的时候一定很可怕，大宝吓哭了，二宝也哇哇大哭。

1　数据来源于《2022年国民抑郁症蓝皮书》。

情绪缓和了一些后，我仍然严厉地问大宝："知不知道自己错在哪儿了？"

"我下次，下次不给妹妹开门了！"大宝怯怯地回答。

我情绪又起来了，大声呵斥道："妹妹打不开门，你也不给她开吗？！"大宝："我要帮她开门，然后轻轻推开。"

这个故事是"必经之路"某同学提交的，是她在生活中没能及时觉察的例子。

我给她回复：

人在被情绪控制时，会变得愚不可及。

大宝开门撞伤了二宝，此时最需要安慰的，其实是你家大宝！那一刻，她一定无比恐惧，她还小，不知道怎么会这样：自己好心帮开门，怎么伤到了妹妹？还伤得那么重！

我知道，她当时一定是无比恐惧！她伤害了妹妹，而且妈妈一定会责骂！这种恐惧是心理上的。二宝虽然受了点小伤，那是身体的，只是处理起来会麻烦一点。但你的处理方式，我看后，心疼了很久。为你家大宝，也为你！都很可怜。

长此以往，你大宝的心理出现问题，或者大宝和你关系不好，你一定也会很焦虑，还不知道是为什么！殊不知，根本原因在你自己！

如果家庭环境长期是这样，大宝的性格可能会受很大影响。

只要留心，生活中到处都是类似的例子，因为情绪而伤害身边亲近之人的例子。有人说："没办法，我就是控制不了自己的脾气。"

不是控制不了脾气，而是被脾气控制了。不是控制不了情绪，而是被情绪控制了。

机器？奴隶？

我们不只是被情绪控制，还被各种"习气"控制。我们每天都在忙碌，忙着工作，忙着旅游，忙着社交，忙着娱乐，有一点空闲时间，就开始刷短视频。看上去我们的生活很有"效率"，对于很多事情，我们都轻车熟路，几乎不用思考就能完成，包括和人聊天。

鲁迅先生是一位伟大的作家，在他笔下，刻画过不少典型人物，例如孔乙己、阿Q、祥林嫂。还记得祥林嫂吗？

镇上的人们也仍然叫她祥林嫂，但音调和先前很不同；也还和她讲话，但笑容却冷冷的了。她全不理会那些事，只是直着眼睛，和大家讲她自己日夜不忘的故事：

"我真傻，真的，"她说，"我单知道雪天是野兽在深山里没有食吃，会到村里来；我不知道春天也会有。我一大早起来就开了门，拿小篮盛了一篮豆，叫我们的阿毛坐在门槛上剥豆去。他是很听话的孩子，我的话句句听；他就出去了。我就在屋后劈柴，淘米，米下了锅，打算蒸豆。我叫，'阿毛！'没有应。出去一看，只见豆撒得满地，没有我们的阿毛了。各处去一问，都没有。我急了，央人去寻去。直到下半天，几个人寻到山坳里，看见刺柴上挂着一只他的小鞋。大家都说，完了，怕是遭了狼了；再进去；果然，他躺在草窠里，肚里的五脏已经都给吃空了，可怜他手里还紧紧地捏着那只小篮呢……"她于是淌下眼泪来，声音也呜咽了。

……

她就只是反复的向人说她悲惨的故事，常常引住了三五个人来听她。但不久，大家也都听得纯熟了，便是最慈悲的念佛的老太太们，眼里也再不见有一点泪的痕迹。后来全镇的人们几乎都能背诵她的话，一听到就烦厌得头痛。

"我真傻，真的。"她开首说。

"是的，你是单知道雪天野兽在深山里没有食吃，才会到村里来的。"他们立即打断她的话，走开去了。

……

——鲁迅《祝福》[1]

祥林嫂为何总是重复这个故事？她不知道别人已经听过了而且听腻了吗？不是的，她只是不知道自己在做什么。她宛如一台机器，一旦看见篮子或小孩，她就会开始讲阿毛的故事。

你或许会觉得，祥林嫂是小说中的人物，而且受到了打击才会如此。不是的，只要你留意，你会发现，现实生活中的"祥林嫂"，到处都是。

我以前回家，要是想和母亲聊天，只要我问："妈，你这么能干又这么漂亮，当时怎么就看上我爸了呢？"听到这个问题，我妈接下来肯定会讲自己年少时的经历，没有半个小时，停不下来。

再讲一个生活中真实的场景：

小红有一份不错的工作，有两个可爱的小孩，和一个爱她的老公。小红每天朝九晚六地上下班，周末找闺密聊天。聊天的内容，无非是从吐槽老板，到家长里短。闺密如果觉得无聊了，就会问一句："你婆婆最近怎么样啊？"

小红一定会说："她呀，不提还好，我真是受够了。她每天……"

如果不打断，小红能说半个小时。等到下一次，只要闺密开个

---

1 鲁迅先生的短篇小说《祝福》创作于 1924 年，那时白话文刚开始普及，有些用词比较特殊，包括"的""地""得"并未严格区分，本书的引用保持了小说原文。

头："你婆婆最近怎么样啊？"

小红又会开始："她呀，不提还好……"

这些习惯和烟瘾、酒瘾、毒瘾不一样，后者很明显，你知道这样不好，而前者不易察觉，就算察觉了，也认为不过尔尔，不用在乎。

似乎生活中的一切，都在遵循某些模式，不断地发生，不断地重复。

若你留心观察，自己的行为也是很机械化的。你机械地上班、工作、下班、吃饭、说话、睡觉，你觉得每天的生活就应该是这样；别人夸你，你就高兴，无论别人说得有多假；别人骂你，你就生气，无论别人说得有多真；你在吃饭的时候看手机，你在坐车的时候听小说；你工作时，想着下班去哪里玩，你下班后，又在焦虑明天的会议发言还没准备好；你看见小孩玩游戏，你就生气；你听见爱人唠叨，你就心烦；你总想换更大的房子，有了大房子，还想要更大的别墅；你总想要更高的职位，有了高职位，还想着继续往上爬……

每个人只是一台机器，嗯，强大一点的机器。机器中，设置好了无数既定程序，还有一些新程序，在不断形成。

回到之前的那句话："我就是控制不了自己的情绪啊！"

你当然控制不了情绪，因为情绪的爆发，是你机器中的一个程序，你只是执行程序的工具而已。所以你一看见小孩玩电子游戏就会生气，你一听到爱人唠叨就会心烦，小红一提起婆婆就会抱怨半个小时，这些都是程序启动的按钮！而你，是那台被启动的机器！

如果我说你是一台机器，你内心会不太高兴：你才是机器，你全家都是机器！但我说每个人都是一台机器，你内心就舒服多了。

看！这也是一个反应模式，也是一段程序。

然而，你是人啊！这世上最有灵性的生物，为何甘愿成为一台机器？为何终生要被那些"程序与模式"束缚？

"你生而有翼，为何竟愿一生匍匐前行，形如虫蚁？"[1]

成为一台机器貌似也没有那么难以接受。你可以留意自己的日常行为，吃饭、走路、说话、呼吸、眨眼等动作，你都不用刻意照顾，你的身体都在自行动作。然而，让人难以接受的是，你并不是这台机器的主人，而是这台机器的奴隶。这很让人沮丧，但这就是真相。

人生而自由，但一点一点"长大"，会变得越来越不自由，不断增加新的"程序与模式"，最终成为一台机器，甚至是机器的奴隶。不是这样的吗？你去问问身边的小孩，他们有很多梦想，天马行空。你再问问身边的大人，他们在乎的东西几乎差不多：长相、体重、成绩、名声、美食、金钱、爱情、亲情、事业……这些"在乎"，就是一种"束缚"，就成了每个人的"执着"。

亲情、爱情、事业、美食，难道都不应该在乎吗，都要放下吗？那人生还有什么意思？

不是的，你并不需要放下一切，而是要放下对一切的执着！你可以很喜欢美食，但也能接受每天的粗茶淡饭；你可以每天锻炼身体，但也接受自己身体不好；你可以很用心教孩子学习，但也接受他考试不及格；你可以很努力地创业，但也能接受创业不成功；你可以很爱一个姑娘，但也能接受她最终离你而去……

这就是放下执着。只有放下了执着，才能解开那些束缚，才能不被"程序和模式"控制，才能获得自由。说放下执着，也不准确。那些执着也并非真实存在，当你看清这个真相，执着就消失了，束缚也消失了，自由就出现了。

---

1 这句话来自莫拉维·贾拉鲁丁·鲁米（1207年9月30日—1273年12月17日）。他被称为"属于整个人类的伟大的人文主义者、哲学家、诗人""人类精神导师"。

有人常说，我希望自己能财富自由。意思是等自己很有钱了，就财富自由了。钱能给人自由吗？不，真正让你自由的，一定不是"钱"。

我有个邻居，一家四口，男主人年纪轻轻在某大企业做高管，也是合伙人，女主人是全职太太，一儿一女。

一天傍晚，我散步回来，遇到女主人带着儿子在外面玩耍。她说："蓝狮子，好羡慕你啊，每天喝喝茶，看看书，日子不要太舒服。"

我说："你们也可以啊！"

她说："我们要赚钱啊，压力太大。"

听了这话，我有些诧异，说："你们资产没有几十个亿，几个亿肯定有的吧？肯定够了啊！"

"几个亿有什么用啊？我儿子是在香港生的，想让他在香港上学，在香港买了栋房子，几个亿就没了。"

类似有钱人不自由的故事，不要太多。

金钱很神奇，它对每个人都有不可忽视的影响。若期望用金钱来让自己自由，几乎不可能。如果让人们知道，那些富人也过得不快乐，不知道他们还会不会那么拼命想赚钱。

有多少钱才合适？"必经之路"有同学抱怨说："我有些经济困扰，感觉日子总是过得紧紧巴巴的。"

我说："其实这是福报好的体现。对普通人来说，这种状态才是最合适的。就是有点钱，却感觉稍微有点不够。钱少了，不好过；钱多了，过不好。"

很多人，有钱了，并不是"他有钱了"，而是"钱有了他"。嗯，他没能做金钱的主人，而成了金钱的奴隶，就像很多人成了"情绪"的奴隶一样。

最完美的奴隶制，

就是让奴隶们以为自己是主人。

最完美的监狱，

就是让囚犯们不知道自己身在监狱。

要让他们热爱自己的锁链，

并使他们认为：

如果失去了锁链，他们将一无所有。

——赫胥黎

金钱很厉害，它形成的"监狱"，几乎是完美的，大多数世人都困在其中，热爱自己的锁链。有道是：天下熙熙，皆为利来；天下攘攘，皆为利往[1]。之所以说金钱的监狱"几乎是完美"的，是因为金钱造成的"监狱"，还是有不少破绽。

这里讲金钱监狱的两大破绽。其一是，当你拥有的金钱足够多，有可能会看清"金钱的无能"（只是有可能），这也是为何一些明星和世界级的富豪，在拥有无数财富之后，放下了对金钱的执着。有人开始热衷于做慈善、公益，也有人拥有足够多的金钱后，人生失去了目标，开始迷茫，甚至抑郁，也有人放弃一切出家修行。因为他们看清了金钱的无能，金钱的监狱自然消失了。不过这个破绽一般人很难掌握，所以更多的有钱人，会觉得钱还是不够多，会继续拼命赚钱。

另一个破绽是，当你有了放弃一切的勇气，金钱的监狱，也会随之破碎。你可以放弃一切，甚至生命，当然也包括金钱。当你拥有放弃一切的勇气，内心会开始滋生力量。如果连要饭的日子，你

1　这两句话最早出自先秦《六韬引谚》。后在西汉著名史学家、文学家司马迁《史记》的卷一百二十九《货殖列传》出现并流传。

也觉得是种难得的经历，你还会被金钱束缚吗？当一个人可以接受自己"一无所有"[1]，金钱怎么还能困住他？这个破绽，很多人都可以试着突破。

悟性好的人，看到这里，曾经困住他的那座监狱，可能开始出现裂缝。

并非让你不要去赚钱，并非让你放弃豪宅豪车和金钱的享乐，并非让你放下一切钱财，而是让你放下对一切钱财的执着，放下那颗一天到晚想要赚钱的"头脑"。

金钱形成的监狱，几乎完美，其作用已经非常恐怖，能束缚世上90%的人。但还有比"金钱监狱"更完美也更恐怖的监狱，那个监狱能囚禁世上99.99%的人，那就是"自我"形成的监狱！[2]就连"金钱监狱"，也在"自我监狱"之中。逃脱了"金钱监狱"，也仍会被困在"自我监狱"里。在"自我监狱"中，几乎每个奴隶都以为自己是主人，几乎每个囚犯都不知道自己身在监狱，他们热爱着自己的锁链。他们努力工作，拼命赚钱，他们不断地争取一切，希望获得更多，为此不惜陷入嫉妒、贪婪、恐惧、焦虑、愤怒、疯狂、自责、痛苦等各种情绪，几乎他们一生所做的一切，都是为了加强锁链对自己的束缚！因为他们认为，如果失去锁链，他们将一无所有！

如何才能解开锁链并摧毁监狱？如何才能成为机器的主人？如何才能获得真正的自由？

真正的自由是什么？经典有云：

1　其实，每个人本就一无所有。当然，每个人也都无所不有。

2　90%和99.99%，别纠结这两个数字的精确性，我只是用它们来形容"金钱监狱"的强大，以及"自我监狱"的更强大！

菩提萨埵，依般若波罗蜜多故，心无挂碍，无挂碍故，无有恐怖，远离颠倒梦想，究竟涅槃。

——《般若波罗蜜多心经》

经文中描述了一个状态：**真正的自由，是心无挂碍**。大概意思是——那些修行好的菩萨们，因为有了真正的般若智慧，能做到心无挂碍。正是因为没有什么事情可以让他们产生挂碍，心中也就不会有恐惧、焦虑、烦恼，他们安住在觉性之中，自然也就远离颠倒梦想，达到究竟涅槃。

能看见，才自由

一个人活在世上，没有挂碍几乎不可能，不过，我们可以减少挂碍。

当你挂碍的事越来越少，你也就越来越自由。然而，减少挂碍，并非究竟的解决之道。某些挂碍减少了，又会有新的挂碍产生。就像头发长了，你剪掉，还会有新的头发生出来。你参加过很多培训，每次都有不小的收获，也确实解决了某些问题，但为何生活依然如此艰难？因为每天都会有新的问题出现。

真正的解决之道是：让问题不再是问题，让挂碍不再是挂碍。这就是"超越"挂碍。

如何才能超越挂碍？原理很简单。所有挂碍的存在，都必须有个依附点，否则这个挂碍挂不住。而每个人所有挂碍的依附点，都是一个东西："自我"。我没钱，我长得不好看，我的孩子不听话，公司对我不公平……这些都是因为"我"。

当"自我"不存在的时候，挂碍也就无所依存了。换一种方式描述就是，所有的束缚，都来自对"自我"的执着。当"自我"不存在的时候，一切束缚都消失了。这不是我说的，老子说的：

吾所以有大患者，为吾有身。及吾无身，吾有何患？

——《道德经》第十三章

直译的意思是：我之所以有很多烦恼，就是因为有这个身体，要是我没有这个身体，我还能有什么烦恼呢？

当然，这只是字面意思。我们平时都习惯把身体认为是自己，那进一步理解是：我之所以有很多烦恼，是因为太执着"自己"，如果不执着"自己"，我能有什么烦恼？

如果你能提升"修行见地"，有些挂碍，自然也会消失。A同学是一位宝妈，我们一起来看看她交的作业。

下午娃没有午睡，晚上8点40分关灯哄娃睡觉。娃嘴巴不停地巴啦巴啦地说话，我想在他屁股上打一巴掌，告诉他要睡觉了。看见。

我不说话继续陪他睡觉。

一会儿他又在床上吐口水，边吐口水边笑。我有点生气，想严厉制止娃这样的行为。看见。

我不说话继续陪他睡觉。娃9点10分睡着。

我发现娃睡觉前说话、笑、吐口水，都是他认为好玩的方式。我只是看着，用觉察管好自己，生活很安静。

当妈妈明白小孩睡前说话、笑、吐口水，这些行为是小孩认为好玩的方式，妈妈什么都不用做，只是看见自己的想法，之前的挂碍，自然就消失了。作业中，用了两次"看见"。是指当生气的情绪出现时，妈妈及时看见了。如果没有能及时看见情绪，那一巴掌就打下去了，或者大声呵斥几句，小孩估计要闹好一阵才会睡觉。

这里的"看见"，就是觉察。

"必经之路"每个月都会开办新手村，一方面是让"新手"了解"必经之路"，另一方面是让参与者能理解什么是"看见"。新手村会设置一些任务，其中有一个任务是这样的：保持一天不思他人过。要求参与的同学，时刻警觉，不要在心中想他人的过错。Z同学的作业是这样的：

今天是周一，早上要开周例会。

某部门老总最近不知什么原因，经常迟到。上周有一天又迟到了，影响到与客户的谈判。我总结了这位老总的若干条不是，准备今早例会上狠狠地批一顿。我想自己解解气，另外让他吸取教训，让其他人吸取教训。

新手村的作业"不思他人过"，提醒了我，不能简单处理。他平时工作也有很多优点，经常迟到可能有他的原因。

于是，会前我找到他聊了一会儿。搞清了他家里有病人天天早上送医院打针，我说你可以晚点到单位，只要工作摆布开就行，你平时工作挺认真的。我本来计划在晨会上好好批评你的。

晨会上我不但没有批评他，反而表扬他平时如何努力，就是家里有病人，还坚持工作，大家都要向他学习。

晨会开完了，我心里有种说不出的感受。新手村帮了我大忙。

发现关键点了吗？Z同学在想某部门老总的过错，一条接一条，正常情况下，会越想越生气。这就是Z同学的惯性"老板模式"，这个模式被"某部门老总又迟到"的事情触发后，会自动运行。但这一次，Z同学因为要做作业，中途停下来了，中止了模式，结果不一样了。

再看Y同学的例子：

我出了地铁站，要走路十分钟到公司。忽然，有人骑电瓶车从我身边快速过去，胳膊撞了我一下，头也不回就走了，我刚准备骂出口，此时，看见了自己想骂人的念头，笑了。

是啊，自己也没受伤，有必要吗？想想自己以前的德行，有些羞愧。

发现关键点了吗？Y同学无缘无故被人撞了一下，自然的反应模式，就是骂回去。但这一次，Y同学看见了自己准备骂回去！这个模式就被中止了，结果自然不一样了。

两个很真实、很生活的例子，如果没有及时"看见"当下的念头，我们会如往常一样，不知不觉被"模式"带走。绝大部分情绪就是如此产生的。但这两个例子中，因为"看见"，模式中止了，我们也就不可能再被模式控制，更不可能被情绪控制。此时，"我"不是机器，而是自由的。

关键点在于"能看见"。**看见自己的念头，看见自己的模式。一旦看见，自己就不再被模式带走，也有了选择的自由。**反之，若不能及时看见，就会按照"既定程序"运行，被"对境[1]"带走。Z同学会越想越生气，在例会上批评下属，事后再后悔自己做错了。Y同学可能骂了对方好几句，对方可能受不了，停下来对骂，甚至动手打架，耽误了很多事。事后两人又觉得：为了这点小事，太不值得，当时怎么就没控制好情绪呢？！

"必经之路"新手村中还有道题是《善良二十四小时》活动，记录你的每一次善良。X同学的作业有一条是这样的：

---

1 对境，是指生活中对应的某些场景，主要是一些引发情绪或烦恼的事情。我们借助处理这些事情，用学习到的方法，来练习如何降伏自心，练习如何在生活中修行。这种场景，我称为修行对境。

下午打开门，发现院子里有一条毛毛虫，我习惯性地抬起脚，准备踩死它。看见自己的念头，想起今天我要善良！脚从旁落下，我找来一个棍子，挑起毛毛虫，送到了路边的草丛里。

当我看见这个作业时，很感动。X同学的"看见"，就是这一刻，改变了一个生命的命运。这个世界因为X同学的看见，变得更美好了一点！

能看见，才自由！这种"看见"的能力为"觉察力"。在生活中修行，就是培养觉察力。

在生活中修行

"心猿意马"这个成语非常形象，说"心"像猿猴一样上蹿下跳，"意"像野马一样无法控制。

"必经之路"倡导大家抄写经典，教大家在抄写经典中，如何观察自己的"心"：

当你坐好了，一支笔一张纸，就可以抄写经典了。抄写经典的过程，是很适合练习觉察的过程，跟静坐一样。

很多人期待，抄写经典时让自己静心。若是这样，你首先需要知道什么是静心。

有人抄写经典时，看见自己念头纷飞，就非常烦躁，觉得静不下来。其实并非如此。平静的湖水，总会有些涟漪，有涟漪，并不影响湖水的平静。"蝉噪林逾静，鸟鸣山更幽。"听见鸟叫，更说明山很幽静。能看见念头的纷飞，就像你听见了鸟叫一样，反而说明你的心静下来了。

你的心是整片大海，而念头就是海面的浪花。无论是微风细浪还是狂风巨浪，只要你不把自己当成浪花，大海永远是大海。

你的心是整片天空，而念头就是空中的云朵。无论是白云飘飘还是乌云密布，只要你不把自己当成云朵，天空永远是天空。

当你明白自己是大海，明白自己是天空，只是看着念头的来去，这就是静心。

当你抄写经典时，无论出现什么念头，都不要焦虑，也不要欣喜，更不要有什么意外，那只是个念头而已。念头并非从外界来，而是来自你自己的心，也会消失于你的心。就像海浪来自大海，也会消失在大海，没什么稀奇的。然而，一旦你要阻挡海浪，海浪会变得很强大，产生巨大的冲击力，就像海浪遇到堤坝的阻挡，会变成疯狂地拍打。同样，你想要阻止某个念头，就产生了分裂，形成了对抗。你成了堤坝，不再是大海。

——蓝狮子《在抄写经典中修行》

我们常说，人生是一场修行。那么，修行是什么？修行，就是降伏自心。

《金刚经》是一部传播很广的大乘经典，一开篇，佛陀的大弟子须菩提就提了两个问题：世尊，善男子、善女人，发阿耨多罗三藐三菩提心，云何应住？云何降伏其心？

整篇《金刚经》佛陀就在回答这两个问题。

修行最根本的问题：如何降伏其心。降伏了"心"，就成了"心"的主人，成了情绪的主人，自然就不会再被其困扰。如何降伏其心？能看见自己的各种习气和模式，不被其带走。

修行，可以降伏自心。降伏了自心，智慧就会增长。有了智慧，自然可以解决生活中的烦恼。

一谈到修行，很多人以为必须远离世间，到某个杳无人烟的深山中去打坐念经。当然，如果你有这样的机会，有自己修行的老师，他让你这样做，那非常好。但我们绝大部分人，都没有这个条件[1]，我们有家人需要照顾，放不下亲人朋友，更舍不得生活中的某些物质享受。这也是人之常情。

在生活中修行，就是在日常生活中练习降伏自心的能力。当你真的明白了修行的方法，走路、吃饭、聊天、工作，哪怕是在发呆，都可以用来修行。

修行的本质并没有任何奇特的地方，它的实质就是反复深入我们的心相续，并且改变它。否则，这个宝贵的人生会被浪费，你用一生的时间追逐自己的念头，执着它所创造的轮回，实际上，就是在梦幻中迷失自己而不自觉。[2]

什么是"心相续"？

当你回家，刚开门老婆就抱怨说："还知道回来啊！每次都回来这么晚！"你心生不悦，想起自己工作这么累，回家还得不到家人的理解，想起自己的压力，越想越委屈，想起以前的种种，越想越生气，于是你……

这就是心相续。老婆抱怨了一句，你心生不悦，一个念头接着一个念头。这就是念头的相续。接下来的事情，可以想象：你和老婆开始吵架，或者冷战……

如何改变它？改变心相续。这不是件容易的事，因为念头总是一个接一个，就像瀑布，持续不断。你很难提起意识改变它，也很难改变它。这也是为何你说："我控制不了我的情绪，我控制不了我的脾气。"

然而改变心相续，也很容易，只要你能及时"看见"。假如，你听见老婆抱怨而心生不悦，想起一系列的事情，此时，你提起觉

---

1 这种条件，我称之为福报。

2 来自顶果钦哲法王。顶果钦哲法王（1910—1991），不丹国师，著名的修行人。

察，看见自己的不悦：哈哈，头脑又开始编故事了！你知道头脑在编故事，编故事就中断了。你看见这种心相续，心相续自然就被打断了。

看！你看见了念头，也中断了念头的连续。这就是在生活中修行。这里关键点是你能"看见"自己的念头，能及时看见，这就是觉察。这是一种可以练习的能力。

来看两个例子。

1. 中午到食堂吃饭。排队把主食和菜盛完，我去拿橘子。手伸到一个橘子上，眼睛瞟到其他橘子上。看到自己习惯性地要挑肥拣瘦【看】，直接拿走手碰到的那个橘子【改】。

2. 我现在离职了，需要一些资料寄回到原单位。寄出的时候，想着到付。看到自己希望原单位支付快递费的念头。哈哈，几块钱的事，自己好小气啊！选择了寄出现付。

上面两个例子，就是在生活中修行。第一个例子中的习惯性挑肥拣瘦，总想要更好的，这就是模式，一旦对境出现，心相续就出现。看见了，就改变了。第二个例子中，看见自己的斤斤计较，也就改变了行为。需要提醒的是，修行并非要求你不挑肥拣瘦，而是让你不被"挑肥拣瘦"的模式控制；不是让你变得大方，而是让你看见自己小气的模式，不被"小气"的模式控制。

再看一个例子。

家里卫生间洗发水品种有六七种。我专心洗头发，转身看见小宝把各种洗发水混在一个小瓶子里，做实验，我的心立刻揪了起来，怒火瞬间爆发。【看】此刻我看到内心的愤怒，看见自己抬起准备挥向他屁股的手，看到自己愤怒扭曲的脸。盯着瞬间爆发的念头。盯住，盯住！【盯】

我的执着点："我"嫌弃小宝浪费洗发水，弄脏干净的衣服还要重洗，麻烦；这孩子调皮总给我添乱，总是收拾他的烂摊子，不乖；为了陪他，我失去了自由支配时间的权利，不自由。这些，都是在乎自己啊！【挖】

接受孩子的探索天性，我放下抬在半空中的手，俯身问小宝："嗨！小屁孩，又在做小实验吗？"【改】

他抬起头说："妈妈，我调配香香洗发水给你用，你就不会掉这么多头发了。"

幸亏我控制住了我的发疯的手，这么温暖的孩子，打下去他心里多伤心啊，我又该多后悔呢！觉察真是妙法。

上面的例子中，妈妈的情绪已经出现，都准备要打小朋友了，及时看见，盯住情绪。然后看见背后的执着点，最后改变了行为，避免了一次悲剧发生，还看见了孩子的温暖。整个过程中，有一种能力，是"觉察"，其中的【看】【盯】【挖】【改】就是用觉察来对治情绪的方法，后文中会有详细介绍。

如果你发现自己生活中有很多烦恼，无论是亲子关系、亲密关系还是婆媳矛盾，又或者是工作的苦恼或感情的问题，你常常会被这些烦恼困扰，甚至被折磨，痛苦不堪，那么你不妨认真学习"觉察"这个方法。

问与答

1. 我有喜欢和不喜欢的自由，有发脾气的自由，这些也需要觉察吗？

答：是的，你可以喜欢可以不喜欢，可以高兴可以悲伤，可以快乐可以痛苦，你可以有任何一种状态。这应该不算"自由"，只能算不同的状态。本书讲的自由，是你可以不被这些状态控制。

你可以发脾气，但你发脾气并不意味着你是自由的。很大可能是，你因为外界影响，不得不发脾气。一看见小孩玩游戏，你就生气。一听见婆婆唠叨，你就心烦。此刻，你就像一台设定好程序的机器，属于习惯性反应，无法主导，这就不算自由。如果你希望自己不被这样的"程序"控制，那就需要练习觉察。

当你学会了觉察，发现小孩又玩游戏，你看见自己的生气，听见婆婆的唠叨，你看见自己的心烦，此刻，你有能力停下来，也可以选择继续，你有选择了，而不是只有一条路。这就是我们说的自由。

2. 状态不好的时候，如何调整自己的状态？

答：每个人都有状态不好的时候，有时遇到一些烦心的事，就算你消除了自己的情绪，依然会有些情绪低落。具体该如何调整，我不想回答。你可以在网络上找到太多的技巧和方法。

我想告诉你的是：状态好与不好，都是正常现象，就像天晴下雨一样正常。因此遇到状态不好，看着这个"不好"就可以。这个状态会慢慢自己消失。不用为这种状态焦虑忧虑，也不要总想着把这个状态调整过来，只是看着，等着它自己离开。所有会自己出现的，也一定会自己离开。不用期待状态好，也不用拒绝状态不好，把自己当成天空，无论是乌云还是白云，它们来了就来了，不迎不送。

另外，如果你懂了觉察，当你看到状态不好的那一刻，看到自己处于低谷的那一刻，你已经没有在低谷了。就像你能看见山谷时，你已经离开了山谷。此刻，如果你能安住在这个"看见"，只是做当下该做的事，那个低谷的状态就不在了。反之，如果你因为发现自己又在低谷而产生自责、焦虑、沮丧和绝望，此刻，你又一次回到了低谷。

3. 之前对同事一直很尊重客气地打招呼，但得不到回应，对方常常冷脸相迎，内心不舒服，久而久之收回了自己的热情。我会因这件事困扰，甚至影响工作，不知道如何去化解。该怎么办？

答：你觉得和同事沟通不舒服，这就是被束缚了。分析一下到底是什么束缚住了你。

你的问题背后包含了某些期待的逻辑：你尊重别人，期望别人也同样尊重你。你客气打招呼，期望别人也如此回应你。如果没有达到这个期望，你就不舒服，就会受影响，连工作也产生问题。

如果你客气打招呼，只是你喜欢，你认为这种方式是礼貌，那可以不用在意别人的回应。因为某人不习惯打招呼，也是他的习惯，只是他喜欢这样；你定义的尊重，是他人应该跟你客气打招呼。但在某人的定义里，打招呼和尊重没有关系。

如果你看到这两点，看到自己的期待其实建立在自我的假设之上，那打招呼没得到回应这件事，就不会困扰你、束缚你。以后你心情好继续打招呼，心情不好，就不打招呼。和他人是否回应无关。你是自由的。这和工作又有什么关系？

这里的看见模式，看见期待，就是在生活中修行。平时这些模式和期待束缚你、影响你，当你看见，自由就会出现！

4. 蓝狮子，我对修行感兴趣，也常常练习，但身边有很多人觉得我很怪。另外，我为什么会对修行这么感兴趣？

答：绝大部分人都习惯随大流，不愿自己做决定。当你问他们的时候，他们会说，别人都这样啊。所以，当一个人想要独立时，一开始就会显得很怪。修行是一件让你独立的事情。所以，身边人觉得你怪，才是正常的。

至于你为什么会对修行感兴趣。不要问这样的问题。问这样的问题，你期望得到什么答案？我说因为你福报很好，我说你前世是个很不错的修行人？你会因为这样的答案沾沾自喜，你觉得自己不一样。要看见，这是自我的诡计，不要上当。

其实，根本就不需要问为什么的问题。修行不是思考，不是逻辑，修行是体验，是经历。问题，只是个念头，一个念头需要什么答案？问题会无穷无尽，类似"我为什么会喜欢修行？"我说你内在的本性会引导你探寻真相。接下来又会出现：本性是什么？真相是什么？为什么会有引导？如何引导……问题会无穷无尽。

然而，当你看见自我的模式，你就不需要问这样的问题，因为你根本不需要答案。你为什么会对修行感兴趣？不需要答案。当你觉得应该好好修行，那就好好修行。

5. 最近对做真实的自己与自我的欺骗有点迷糊，还请指教！

答：有这种迷糊，产生怀疑，非常好！以后问类似的问题，可以缩小范围，拿出具体的事例来看。

如果你只是问做真实的自己和自我的欺骗如何区分，那我想告诉你：根本就没有真实的自己，都是自我的欺骗。

有人说："我是直性子，说话从来不会拐弯抹角。"他这就是给自己贴了个标签而已。

有人说："我很正直，根本不屑于溜须拍马。"他这也是在贴标签。

什么时候才是"做自己"？

是你看清了所有真相，依然热爱生活。

是虽千万人，吾往矣。

是任它惊涛骇浪，我自如如不动。

是朝闻道，夕死可矣。

是明知不可为而为之。

……

为什么是这样？

只有当你没有自己，才能真正做自己！

思考
与
练习

1. 什么是在生活中修行？谈谈你对在生活中修
   行的理解。

2. 结合自己的生活，谈谈你对"能看见，才自
   由"这句话的理解。

3. 你希望通过学习在生活中修行，自己有哪些
   变化？

第二章

什么是觉察

尽日寻春不见春，芒鞋踏遍陇头云。

归来笑拈梅花嗅，春在枝头已十分。

——佚名《悟道诗》

不是为了快乐

一个人真正认识到修行的重要性，很坚定地走上修行之路，有两种可能。

一种是因为悟性很好，看见了生活中的苦，就坚定地走上了这条路。最典型的代表是悉达多太子。

古印度青年悉达多是一名王子。听说悉达多出生时，有高人告诉他父亲净饭王：这个孩子长大后会出家修行，会成为一个圣人。国王不希望自己的儿子走修行之路，于是把悉达多的生活做了特殊的安排，让他看不见世间疾苦。

因此，悉达多从小过着锦衣玉食、无忧无虑的生活。长大后，悉达多在一次外出游玩时，在路边看见了老人，看见了病人，看见了死人，他开始思考人生的意义，想寻求真理，寻求解除人类痛苦的方法。于是他放弃了舒适和安全的环境，离开了皇宫，开始了自己的修行之路。

可能有人觉得：看见那些很正常，这个王子的反应是不是太大了？我们几乎每天都看到这些，不是照样生活吗？不，王子是敏感的，是聪慧的，反而我们是迟钝的。我们每天都看到那些老、病、死、苦，却从未升起修道之心。我们每天都在计划未来，从来不想意外会发生；我们每天买买买，好像我们可以活几千年；我们每天都看见无常发生，却视而不见。

悉达多后来成为一位苦行僧，游走于古印度各地拜师学习。那些老师都声称已经找到悉达多寻求的答案，然而当悉达多认真修持后，发现那些教法和答案，没有一个是真正圆满的。这一度让悉达多很迷茫。最后，悉达多完全放弃外在的寻求，决定从痛苦的源头追寻解脱痛苦的方法。此时他已开始怀疑，问题的本源就在自己的心里。他坐在古印度东北部比哈尔省菩提迦耶的一棵树下，深入自己的内心，矢志找到他所追寻的答案，否则绝不罢休。就这样昼夜不停地过了许多天之后，悉达多终于找到他所寻求的不变、不灭、广大无垠的根本觉性。从这甚深的禅定境中起座之后，他再也不是原来的悉达多了，他成了佛。在梵文中，"佛"是对"觉醒者"的称呼。

走上修行之路的另一种可能，是因为在生活中经历了很多苦，开始寻求解决方法。大多数人属于这种。

俗话说：不经苦难，不信神佛。人们在顺境时什么都不在乎，遇到了大的挫折，不得不寻求解决之道，也会试着求神拜佛，万一有用呢？试试总没有坏处。所以，年纪越大，经历得越多，越容易走上这条路。王尔德说："老年人相信一切，中年人怀疑一切，年轻人什么都懂。"

然而，修行不是求神拜佛。你去寺院，给菩萨点几炷香，再送几个苹果，然后开始许愿，要求菩萨保佑自己升官发财，并说"如果升官发财了，一定过来再送几个苹果"。这叫还愿。很多人去寺院许愿，就是这样吧。在你心里，菩萨很期待你的苹果，为此她需要付出不少努力。这是迷信，不是修行。

每个人都不想要痛苦，想要快乐，这很正常。什么是快乐？痛苦的反面就是快乐。

人们一直在寻求快乐，走上修行之路也是为了寻求快乐。为了快乐，人们想赚更多的钱，买更好的衣服、更大的房子、更高档的车子，让自己更漂亮更年轻，他们觉得这样会让自己快乐。真的会如此吗？

宗萨老师说：

敬礼！吉祥圆满！[1]

快！请您展开无尽的悲心之网，温柔地拥抱这一切受苦的众生。他们无止境地追逐快乐，却只带来不幸与悲伤。

人们无止境地追逐快乐，却只带来不幸与悲伤。几乎没有例外。你环顾一下周围，你的亲人朋友邻居同事，他们每天都在努力，每天都想着让自己让家人更快乐，但他们真的快乐吗？你自己呢？你也足够努力，为何还有那么多悲伤？

你知道自己为什么不快乐吗？其根本原因，正是你一直在追求快乐。

快乐与痛苦，总是相伴而生的，它们是一体两面。所以当你追求快乐，痛苦一定会来。

我认识一个朋友，他很年轻时就走上了"修行之路"。他上过很多身心灵的课，类似家排、NLP技术等[2]。十多年，他花在这些课

---

1 吉祥圆满为顶果钦哲仁波切之名号。

2 家排是家族系统排列的简称，是由德国心理学大师海灵格先生整合发展出来的一种心灵疗愈方法。NLP技术，通常指教练技术。

程上的费用超过一百万。有一天他跟我探讨修行时，提出了自己的困惑：自己每次上课收获都很大，当时的问题确实都有解决，但为何现在还是有很多烦恼，还过得这么痛苦？

这不是个例，而是普遍现状。

我和朋友说："你上课，是为了获得快乐。当你追求快乐，痛苦是不可避免的。这就是原因。如果你要获得真正的快乐，就不要追求快乐！"

你想要快乐，就不要追求快乐。真相总是矛盾的，不符合逻辑的。真相矛盾，却又统一。就像有白天也有黑夜，有生也有死，它们矛盾，但一点都不冲突。

真正的修行，不是为了快乐！练习觉察，也不是为了获得快乐！你可能会因为修行，没有那么多烦恼和痛苦，但那些只是结果，而不是目的。修行不是为了获得快乐，不是为了过得幸福，不是为了变得善良，不是为了成为一个高尚的人。

你不要期待练习了觉察，就可以涨工资，可以不生病，可以考个好成绩，可以变得年轻，可以每天开心心，可以每天充满正能量，不要期待这些。也不要问类似的问题：为什么我修行这么久，还过得这么不顺？

修行，是要超越这些。

拿乌云和白云来比喻。当你快乐时，你就是白云。当你痛苦时，你就是乌云。你总是希望自己能一直做白云，不要做乌云。当今社会上很多课程都是这样的，教你如何留住白云，如何把乌云变成白云，这样你就能越来越快乐。你觉得有可能吗？怎么可能永远只有白云，没有乌云呢？所以，无论你多努力，无论你上过多少课，你的烦恼和痛苦一直都在。就像白云和乌云都不会消失一样。

真正的修行，是让你成为天空。天空永远在那里，不迎不送，不增不减。白云来，挺好；乌云来，也挺好。

说修行是让你成为天空，也不准确，因为没有那个"成为"，

你本来就是天空。因为各种妄想执着，你一会儿以为自己是白云，一会儿以为自己是乌云。而修行是让你认识到这一点。

看看下面这段话：

> 一个真正的智者，应毫不气馁全神贯注地欢迎快乐和痛苦、喜悦和悲伤。
>
> ——《薄伽梵歌》

修行，能让你成为一名真正的智者。不要觉得这很难，其实只在一念之间。一旦你开始觉察，当下这一刻，你就是智者，你就能欢迎快乐与痛苦，就像天空欢迎白云与乌云一样。就这么简单，也就这么神奇。

修行，不是为了快乐。同样，修行不是为了让你变得善良，不是为了让你变得高尚。不要强迫自己做这些，善良和高尚，只是道德的评判，而道德的标准，一直都在变。真理是超越道德的。当然，一个好的修行人，应该会是一个善良的人，可能也会是一个高尚的人，这些是自然而然的结果，而不是目标。

为何朋友上了那么多课程，解决了那么多问题，生活中还是烦恼很多？因为问题层出不穷。好比一位盲人，行走在世间，因为看不见路，总避免不了磕磕绊绊。上了很多课，就是记住了很多条路该如何走。亲子关系课教你如何走亲子关系这条路，路上哪里有石头，哪里有大坑；亲密关系课教你如何走亲密关系这条路，哪里有水洼，哪里有荆棘……但世间路有无数条，记住几条路，根本起不了多少作用。不止如此，就算你记住了几条路，那几条路的状况也一直在变化。你学了如何处理亲子关系的课程，带好了第一个孩子，不一定能带好第二个孩子。

修行，不是教你某一条路该如何走，也不是告诉你不同路上有什么障碍物。修行，是教你睁开眼睛。当你自己睁开眼睛，路上那些原本对你造成困扰的障碍物，都不再是问题，因为你很容易就能绕过去；当你自己睁开眼睛，你甚至不需要记住任何一条路，哪怕没有路，你也能轻易走出一条路。

如何才是睁开眼睛？当你看不见路，那是没有智慧，叫"无明"；当你有了智慧，可以从容面对一切烦恼，这就是睁开眼睛。

增长智慧的方法

在很多人的理解中，每天打坐多长时间，每天诵读了多少经典，每天念了多少次咒语，或者在寺院里劳作，每天做这些才算是修行。这些应该也算吧。之所以说"应该"，是因为如果发心不对，这也不一定是修行。

修行，是降伏自心。在生活中的修行，也是如此。降伏自心，是不被"心"控制。在生活中，能不被情绪控制，能不被习气控制，能轻松应对突发的日常矛盾，这就是修行。这里不涉及宗教信仰，不用每天磕头烧香，也不需特定的仪式仪轨。

如何才能降伏自心？

我们平时之所以会被情绪控制，之所以有这么多烦恼，其本质原因是缺少智慧。智慧增长了，才能降伏其心；智慧增长了，才能不被情绪控制。当然，智慧增长了，除了不会被情绪控制，还有其他妙用，暂且不提。

如何才能让智慧增长？

在回答这个问题之前，需要清楚智慧是什么。很多人觉得高学历的人，读过很多书的人，就会很有智慧。其实不然，我有个同班同学，博士毕业之后在某大学当老师，没几年跳楼自杀了。我也有些高学历朋友，知识确实很多，但平时的生活一地鸡毛，自己也是烦恼不断。除此之外，想必大家也见过不少高学历犯罪的新闻。

知识和智慧，区别很大。举个例子：知识是一个人失恋了，知道最好的方式是忘记对方，但就是死活忘不掉；而智慧是看清楚爱情的本质，能坦然面对，聚时珍惜，别时祝福。一个人读很多书，能了解很多知识，但不一定能增长智慧。一个人经历过很多挫折，不一定会增长知识，但可能会增长智慧。

从简单到复杂，是知识的积累；而从复杂到简单，则是智慧的增长。所以，并非看书或者听某个大师讲了很多道理，智慧就能增长。

何期自性，本自清净；

何期自性，本不生灭；

何期自性，本自具足；

何期自性，本无动摇；

何期自性，能生万法。

——惠能《六祖坛经·行由品第一》

大概意思是，每个人的自性，都是智慧具足的。

不止如此，据说佛陀在证悟时，也大发感慨：奇哉奇哉，无一众生而不具有如来智慧，但以妄想颠倒执着而不证得。[1]

这一句不仅说明了每个人都具有和佛陀一样的智慧，还解释了为何每个人表现得没有智慧的原因：妄想执着太多。

智慧，就像太阳。太阳一直都在，无论是阴雨天还是大晴天，人们之所以有时看不见太阳，是因为乌云太多。一个人的妄想执着就像乌云，乌云越多，太阳能照下来的光就越少！因而生活中欲望越少的人，能放下的事情就越多，也活得越自在。

---

1 此句所讲的内容源自《华严经》卷五十一"如来出现品第三十七之二"。

增长智慧的方法出现了：减少妄想执着。

道理很简单。我们之所以会有情绪，一定是执着于某件事。当情绪升起时，也就是执着表现最明显的时候，此时智慧会减少甚至消失，此时，人容易做出很多平时不会做的愚蠢的事。例如人愤怒时，会恶语相向，打砸家具，甚至伤人杀人，等平静下来，又十分懊悔。又如，人陷入情绪低谷时，容易自残甚至自杀。这正是因为情绪出现时，智慧就消失了，情绪消失后，又恢复了些许智慧。

接下来的问题就成了：如何才能减少妄想执着？

减少妄想执着有两条途径。一个人经历诸多的困境和挫折，有可能放下很多妄想执着。一个人每天想着赚钱，拼命工作，但某一天忽然身体垮了，非常严重，那他出院后，有可能会放下对金钱的执着。有句俗语"大难不死，必有后福"，是讲一个人经历了生死大难后，可能会放下很多执着，智慧自然就增长了，相应的福气增长也顺理成章了。只是"有可能"，并非一定。那种执着太深悟性不够的人，经历再多，可能还是一如既往地执着，这叫执迷不悟。幸运的是，想要减少妄想执着，还有一条更为平和的途径，那就是修行！

妄想执着，来源于那颗"心"，而修行就是降伏自心。当"心"被降伏了，妄想执着也就能减少。相对于前一种方式，修行的方式并非"有可能"，而是确定可以放下妄想执着。

一个循环出现了：想要降伏自心，需要有智慧；想要有智慧，需要放下妄想执着；想要放下妄想执着，需要降伏自心。

逻辑很严密，这是个循环，但并非死循环。讲这么多，只是想说明一个道理：修行可以帮助一个人增长智慧，控制情绪[1]。

而本书要介绍的"觉察"，就是修行中最简单且最强大的方

---

1 "控制情绪"，这个词用得不够准确，只是暂时这么用，后文会做解释。

法，也是最适合在生活中的放下妄想执着的方法。

循环就变成了：

1. 想要不被情绪控制，需要降伏自心；
2. 想要降伏自心，需要有智慧；
3. 想要有智慧，需要放下妄想执着；
4. 想要放下妄想执着，需要用"觉察"。

看已经不是循环了。

觉察的定义

为什么用"觉察"就能放下妄想执着？那你需要了解什么是"觉察"。

觉察，很简单，简单到绝大多数人都会错过。就算已经理解和掌握这个方法的人，若平时练习不够，也会错过。

什么是觉察？一句话就能解释清楚：**觉察是知道此刻的正在发生。**

知道，就是知道；此刻，是指当下这一刻，不是过去，不是未来，就是当下；正在发生，包括当下自己所有语言、想法、行为，还包括看到的场景、听到的声音，接收到的各种感觉等。

知道自己在生气，这是觉察。

知道自己在走路，这是觉察。

知道脚在痛，这是觉察。

知道某个想法产生，这是觉察。

听到有小孩在哭泣，知道，这是觉察。

想起父母又吵架了，长期下去怎么办？知道，这是觉察。

看见远处的高山，知道，这是觉察。

……

觉察就是这么简单。不是吗？你原本就会。

觉察有个原则：只是知道，不跟随。不跟随正在发生的事，不被正在发生的事带走。

知道自己在写文章，这篇文章创意很好，阅读量应该能到十多万呢，好久没有写过这种热门文章了……这就不是觉察。从这篇文章创意很好开始，已经被当前发生的事情带走了。

知道自己在生气，我说过不跟小孩子生气的啊，怎么又生气了？不过他太不听话了，每次都这样……这就不是觉察，从懊悔开始，已经被当前的事情带走了。

知道自己在走路，听说走路也能修行呢，上次蓝狮子就讲过如何把觉知放到走路上，知道自己在走路，就是练习觉察呢……这就不是觉察，从想起走路也能修行开始，已经被当前的事情带走了。

以上的例子都不算合格的觉察，因为都被当下的事情带走，也就是跟随"念头"流转，一个念头接着一个念头，自然反应，完全不是自主控制的。然而，当你"看见"自己被当下的事情带走，此刻，又是觉察。因此这就是知道此刻的正在发生。你的"看见"就是知道，"被带走"，就是此刻的正在发生。有点微妙，如果此刻你还不懂也没关系，这不是学知识。修行，不是要明白理论。后面会有很多例子来介绍。

觉察虽然很简单，但正是因为太简单，特别容易错过。

我们平时的做事方式、思考问题的方式，都是习惯跟随当前发生的事情，出现一个念头，然后跟随那个念头，产生新的动作；然后跟随那个动作，又出现一个新的念头；然后又跟随这个新的念头……这就是我们正常的反应模式。在这种反应模式下，我们就失去了自主的能力，只能一直跟随。如果出现情绪，我们就会跟随情绪，一直跟随情绪，这就是被情绪控制。

来看个例子。

小红走在公园里，看见了一对情侣，自然而然想起了前男友，想起曾经对他的好，想起曾经的甜蜜，想起自己现在的不幸，情绪越来越低落，开始流泪，开始觉得生活没什么意思，失望、悔恨、绝望……看见前面一条河，冒出一个想法：要不死了吧，一了百了……

上面例子中，小红的对境是看见了一对情侣，想起了前男友，这个想起就是念头，前男友作为念头冒了出来。接下来，小红一直跟随念头，陷入情绪之中。

此刻，闺密小白刚好也在公园里散步，看见小红，很诧异："你咋哭了？脸色这么不好，怎么啦？"

小红呜咽地说："我又想起那个负心人了！呜呜呜……"

"唉！都过去三年多了，你怎么还没走出来？！"

"我也没办法，一想到他，我就很伤心、绝望……"

看清楚了吗？小红成了情绪的奴隶。

觉察，是知道此刻的正在发生，看见自己出现的新的想法、新的念头，看见之后，就有了自由：可以继续，也可以不继续。看见了反应模式，可以跟随，也可以不跟随。小红看见了一对情侣，"前男友"的念头出现，小红看见这个念头，知道。哦，自己又在想前男友了，回到当下，继续走路。后面一系列的情绪，就不会发生了。在小红看见"前男友"念头的那一刻，当小红"看见"自己情绪的那一刻，她就有了选择，此刻，她是自由的。

这就是觉察的基本原理。

看上去容易吧，但也不是看上去的那么容易。"前男友"的念头出现，小红看见了，回到当下，继续走路。但很快，新的念头"前男友上个月结婚了"又出现了，如果这次小红没能及时看见，还是有可能像之前一样继续被带走。因此，懂了觉察的方法，还需要有持续觉察的能力。

情绪如果要继续，需要能量。情绪的本质，也是念头，一系列强烈的念头。你跟随某个念头，或者你拒绝某个念头，都是给它能量。你开始对孩子生气，想起他以前总是不听话玩游戏，这就是给"生气"这个情绪能量，于是你越来越生气；你刚开始对孩子生气，想起自己曾发誓以后绝不对孩子发火，但这次又犯了，怎么这么没用啊，而且孩子真是屡教不改，再这么下去以后就真完了。这也是给情绪能量，不只有愤怒，还有懊悔。

觉察，只是知道，不做评判，不跟随，不拒绝，只是知道。看见自己要生气，知道就好，没有接下来的任何发生，无论是继续的想法，还是懊悔的想法，都不要。如果出现，继续知道就好。不判断应该还是不应该，只是知道，不拒不迎。

觉察，是指知道此刻的正在发生。只是知道，知道就好。这个方法很简单，看上去还有点傻，但很实用。

为何觉察能让你对治情绪，不被情绪困扰？

当你看见山，你已在山之外；当你看见河，你已在河之外；当你看见情绪，你已在情绪之外。只要你能在那一刻，不再陷入情绪，情绪就无法困扰你。本书后面会有专门章节介绍如何用觉察来对治情绪。

为何觉察能减少妄想执着，增长智慧？

当我们只是觉察，不给"妄念"能量，妄念自然会慢慢消失。

就像一杯浑浊的水，无论我们用多大力气摇动搅拌，或者用各种办法去按压平衡，水只会越来越浑浊。若我们只是把这杯水放在桌子上，不摇动，不搅拌，只是看着（连"看着"也不需要），什么都不做，水会自己变得清澈。同样的道理，出现了各种情绪，各种念头，我们不跟随，不拒绝，只是看着那些想法和念头，只是知道它们出现了，它们也自然会消失。正如鲁米的诗《客栈》[1]中所说：他们随时都有可能会登门。当然，他们也会自然而然地离开。

人生就像一所客栈，
每天早晨都有新的客人。

"欢愉""沮丧""卑鄙"，
这些不速之客，
随时都可能会登门。

欢迎并且礼遇他们！
即使他们是一群惹人厌的家伙，
即使他们
横扫过你的客栈，
搬光你的家具，
仍然，仍然要善待他们。

---

1 文中的诗选择的是梁永安翻译的版本。

因为他们每一个
都可能为你除旧布新，
带来新的欢乐。

不管来者是"恶毒""羞惭"，还是"怨怼"，
你都当站在门口，笑脸相迎，
邀他们入内。

对任何来客都要心存感念，
因为他们每一个，

都是另一世界
派来指引你的向导。

——鲁米《客栈》

觉察很简单，也很强大，而且随时可以觉察。只要有人提醒你，"开始觉察"，你马上就可以觉察：知道自己在回答问题，知道自己在说话，知道自己在计划明天的会议。虽然如此，但现实情况是，就算你懂了什么是觉察，也无法经常提起觉察，无法及时提起觉察，更无法时刻保持觉察。过去的几十年，你一直跟随想法跟随念头跟随场景变化而变化，一直习惯如此。这就是习惯。就像有人抽烟，从十几岁开始抽烟，抽了几年后，就戒不掉了。而跟随念头的习惯，是从小开始的，过去几十年，甚至是过去无数辈子都是如此。想要改变，一定不是那么容易。这种习惯，就是"习气"。

习气如此顽固不化，想要及时提起觉察，确实不太容易。在日常生活中，就算有人提醒自己不要生气，还是忍不住会生气。

修行好的人，遇到引起情绪的对境时，能及时"看见"，不被

带走。不懂修行的人，遇到事情，就陷入其中，随其流转。有道是：智者能转境，愚人被境转。

觉察初体验[1]

我们平时会有很多习惯，习惯一旦养成，不需要我们做任何思考，它能带着我们自动发生行为。就像吃饭时你不需要想着自己需要张嘴，当一口饭到嘴边时，你的嘴自己会张开。就像呼吸你不需要自己控制，你睡觉时，呼吸也会自己发生。我们的生活习惯也是如此。

给大家看一个生活中发生的例子。

队友早上七点就得起床去上班，他轻声地想把我叫醒。连续上了一周晚班我感觉很累，不想搭理他，翻了个身继续睡。队友不放弃，推了推我。我瞬间火气上头，嚷道："我睡觉碍着你了吗？你有病啊！大早上折腾我干吗！"

队友委屈地咕噜道："你每天下班那么晚都没跟我好好说话，我想跟你说会儿话嘛！"他边说着边轻轻掀开被子，小心翼翼地下床去洗漱。

我气得胸膛发胀，鼻中喘着粗气。盘算着要搬去住公司宿舍，远离这个烦人精，真是一点都不为我着想！越想越气，哼！先睡一会儿再起来跟他算账！

---

[1] 此小节的部分内容，由"必经之路"天空训练营第八期自由号提供。自由号成员：启佳、帅建栋、李敏。自由号船长：小美。

该故事由"必经之路"A同学提交，是生活中没能及时觉察的例子。她可能觉得发下脾气没什么，但长此以往，她的队友可能不会再找她聊天，或者关系变得糟糕。那时A同学可能会疑惑：为什么会这样？他没有以前那么爱我了！殊不知根本原因在她自己！[1]

不少人都有类似的习气，不懂在生活中修行的人，很难意识到自己的问题，但有了觉察就会不一样。

觉察是知道此刻的正在发生。通过练习，我们能知道此刻的正在发生，包括看见此刻头脑中出现的念头。能看见念头，就能看见自己要发脾气的念头。这么讲太抽象，来看看实际例子。

一天中午，Z同学正在午休，电话调了静音。有个供货商给他打了三个电话，他也没看见。起来后，看到供应商在微信给他留言，是挺生硬的几个字：给个卸车电话！这个时候，Z同学脑中闪过一个念头："不知道中午午休吗？这会儿谁会给你卸车？"他正想抱怨，看到了自己不满的情绪。而且，瞬间想到了引起不满的原因。自己不由得笑出了声：这不就是典型的王公式心病[2]吗？自己比人更重要。自己午休，感觉天下人都午休，同理：送货司机不午休，他会以为天下人都不午休。

找到了自己不满情绪背后的执着点，Z同学心情轻松，微笑着

---

1 有同学看了这个例子，会觉得凭什么把责任都推给A同学，难道她队友没责任吗？不知道体贴一下吗？不，我们不要陷入评判是非对错之中，而是要看见自己的习气对生活的影响。就算队友有很大责任，又如何？两人关系还是不好了啊。当我们在生活中吵架赢了，也是输了。

2 王公式心病，类似过去王侯将相的思维方式。他人对我们好是正常的，必须对我们好；他人对我们不好就不正常，哪怕只是没对我们特殊照顾，我们也会不高兴，甚至生出怨恨。本书第六章会介绍其他几种自我的常见"心病"。

拿起电话，优雅地打开微信，及时发送了卸货人电话并微信回复："中午午休静音了，耽误你们时间了，抱歉啊，师傅！"

这是个很有意思的作业！Z同学及时看见了自己当下"想抱怨"的念头，发现了自己的反应模式，最后还找到了自己的问题。当Z同学看见想法，Z同学就不会继续之前的想法了，"不满"这个反应模式也会停止。

当我们认为都是别人的问题时，事情会没完没了、愈演愈烈。当发现是自己的问题时，怎么还会有抱怨和不满呢？"自我"对自己从来都是宽恕的。

这就是用觉察来对治情绪的过程。特别是及时"看见"，非常重要。再看D同学的例子。

孩子周末放学回来了，我微笑着迎上去，说："儿子，回来了！"

"嗯。"孩子一边换鞋，一边冷冷地应了一声。

我心想：这孩子怎么回事？爱搭不理的，这么不尊重人！

又想起以前儿子有几次也这样，一股怨气从心中升起，正想严厉教育儿子，此刻，我提起了觉察，看见了。

看到情绪之后，我很快就转念，心想：孩子是不是身体不舒服呀？一问，果然如此，儿子在住校期间已经感冒好多天了。

不开心的情绪瞬间消失。我赶紧接过孩子背后大概二十斤重的书包和一个大行李箱，说："快换了鞋子，洗个澡，去床上躺一会儿吧，想吃点啥，妈妈给你准备去。"

当D同学看见自己情绪的那一刻，也看到了大脑编故事的习气：想起儿子以前的不是，自己生气了。D同学此刻没有跟随情绪，而是换了个方式和儿子沟通。这就是觉察，知道当下自己情绪出现了。

看见了，就停止了，避免了误会也避免了争吵。

例子都是日常生活中发生的小事，看上去觉察好像挺容易的。

然而并非如此，若不专门练习，当情绪发生时，你根本意识不到要提起觉察。

四个层次

看过一个故事。

有个人去拜访某位禅师，问："大师，听说您证悟了，请问您的道是什么？"

"吃饭时吃饭，睡觉时睡觉。"禅师回答道。

"这么简单？我每天也都在吃饭睡觉啊？"

"不。你吃饭的时候，不在吃饭，你在看手机，你在操心公司的工作，你在回忆昨晚的约会；你睡觉的时候，也不在睡觉，你甚至都不知道你在干吗。但我吃饭时只是在吃饭，睡觉时只是在睡觉。"

至此，你或许已经明白了什么是"觉察"，你可以试试，看自己能否保持觉察，能坚持几秒。有个说法，如果一个人能一直保持觉察49分钟以上，他就能达到佛的境界[1]。当一个人能做到吃饭时只是吃饭，睡觉时只是睡觉，那说明他在吃饭和睡觉时，都能一直保持觉察。难怪这就是禅师的道。

觉察有四个层次，每个层次要求不一样。

---

1 这句话据说是印度某位圣人所说，想表达的是：长时间保持觉察，不那么容易。

觉察的第一个层次：感知每一个动作。

这个好像比较容易，当你走路时，把觉知放到脚上；当你打字时，把觉知放到手上；当你喝水时，感受手拿起碗的动作……这些都是觉察，但你几乎从来没做过这些事。

有一次吃完饭，我和几个同学一起散步，我教大家如何在散步时练习觉察：走路时关注你走的每一步，走每一步，都想象自己在给大地盖上你的私人印章。一旦你开始尝试，你的觉知一定会放到脚上，而且自然脚步放慢，这就是觉察身体的每个动作。

有一次，我去做按摩。按摩师是一个年纪比较大的盲人，手法很好。我和他聊了起来。

他不善言谈，但心态很好。谈到他失明的双眼，也没见他有丝毫的抱怨与沮丧。我说自己工作压力大，希望按摩缓解一下。他说："如果你希望按摩效果好，你需要配合我。"

"怎么配合？"

"我按摩时，你需要把觉知放到自己的身体上，尽量不要想其他事情。"我问他为什么。他说了一句让我印象深刻的话。

"如果按摩时，你一直在想别的事情，我就是在给一具尸体按摩！"

如果按摩时，我不保持觉知，按摩师就是在给一具尸体按摩。多好的一句话啊！

同样的道理，吃饭时，你不提起觉察，就是一具尸体在吃饭；走路时，你不提起觉察，就是一具尸体在走路；有人习惯在上厕所时刷手机，一刷半个小时，就是一具尸体在上厕所……说起来有些"恐怖"，但你想想那些患有梦游症的人，梦游时，他们完全不知道自己在干什么，本质不是一样的吗？

我之前说，绝大多数人，哪怕睁着眼睛，也在做梦。你看，他们上班时，想着下班后去吃饭；吃饭时，想着等会要回家；回家后，想着明天还有工作。他们永远不在他们在的地方。

当我说，绝大多数人，活得像一台机器，不只是因为他们被很多"程序与模式"控制，还因为他们从来不会真的知道自己在干什么。

觉察的第二个层次：看见每一个念头。

相对感知身体的动作，看见念头，要困难很多。或许你从来没有注意到自己的念头，从来不知道就在一秒钟，头脑中闪现了多少个念头。

你可以找个安静的环境，给自己十分钟，准备几张纸、一支笔，还有一个打火机。开始观察自己的念头，把每个念头都记录下来。你会发现，原来自己有这么多念头，而且有的念头居然这么邪恶，或让人羞耻！不用到十分钟，你就会受不了自己，迫不及待地想把这些纸烧掉。还好，你准备了一个打火机。

观察念头，没有你想象中的那么简单，如果你没有做过专门的练习，你会错过绝大部分念头。念头就像瀑布，连绵不绝，你观察念头，一不小心就被念头内容带走。就像你想起以前的恋人，这是个念头，你看见了，但很快又会想起曾经和她/他在一起的甜蜜时光，到后来你们分手的场面，一幕一幕的画面出现，你依然清晰记得那是一个雨天。等你醒悟过来，你才发现，原来手上还拿着一支笔，却什么都没记下来：哦，原来我正在记录念头来着。

觉察的第三个层次：看见每一次情绪。

这个层次更难。虽然情绪也是个念头，但情绪表现得更为强烈，无论是正面情绪还是负面情绪，都比平时的念头强烈数倍，这导致更容易被带走。有时，就算你自己看见了情绪，想要停下来，也无法停下来。这就是很多人说的，我控制不了自己的情绪。

情绪伴随的还有自己身体的动作，就像很多人发脾气时，喜欢摔东西，而且觉得很正常，觉得要发泄出来，才能结束。有人被情绪控制后，会干出很多平时不会做的事，包括伤害他人。

生活中的烦恼，绝大多数都来自各种负面情绪：焦虑、愤怒、担忧、沮丧……如果每一次情绪的出现，你都能及时看见，这些情绪就很难对你造成影响。此时，你不再是机器，不再是情绪的奴隶，你是自由的。你没有实现财富自由，但你可以实现情绪自由。

看一个小例子。

我从外面回来，看到客厅的茶几上，我喝水的杯子没有盖上盖子，没有整齐地放在原位。眉头皱了起来，"小我"立马跳出：有人用我的喝水杯了，还不盖盖！抱怨话刚要脱口而出，看见念头。止。

这时，先生从厨房走了过来说："外边冷，快喝点热水，给你晾得温度差不多啦！"

同学作业中的抱怨小情绪出现，一眼看见，消失，还避免了误会。

以上三个层次，有难易之分。

一开始，感知自己身体的动作，最容易，看见自己的每一个念头，会难一些，看见自己每一个情绪，会更难。但当你练习到一定程度，你会发现，看见情绪是最容易的，因为情绪有很明显的特征，而且不会一直都出现。而看见自己的念头，显得稍难一些，因为念头实在太多，太细微了。更难的是感知身体的每一个动作，难在无法一直保持。

这三个层次，并非要按顺序练习，而是可以同步进行。看见情绪时，也可以感知身体的动作，还可以看见自己的念头变化；感知身体动作的同时，你同样需要观念头，念头出现，及时回到当下；

观念头的时候，身体的动作，也都只是个念头。

因此，所谓层次，并非层次，是名层次。[1]

觉察的第四个层次：发生。

前三个层次，是你可以练习的。平时多练习，坚持练习，有老师的指导，你能很快看见效果，但第四个阶段，无法练习。它不是你努力就能达到的，它只能自己发生。

这种发生，可能会出现多次，有小有大，而且每个人都不尽相同。但无一例外，每一次"发生"，都会让你放下一些或很多执着。

是的，"发生"只能自己发生，就像一朵花，只能自己开放一样。当条件成熟了，花会自己开。你可以浇水、施肥，创造一切条件，但花只能自己开放，它可能开，也可能不开。你怎么能帮助它开花呢？你无法把它的花瓣手动打开，你无法帮它舒展花蕊，你越努力帮它，它越不开花。觉察的第四个层次也是如此。你可以阻碍它发生，也可以允许它发生，但你无法要求它发生。你越期待，越焦急，它可能越不会发生。当你持续练习觉察，就是允许它发生。**当你放下一切期待，只是在观，它也许会自己发生。**

当它发生，你或许会知道所谓的功名利禄，显得十分可笑，所谓的痛苦烦恼，本是镜花水月。

当它发生，你或许会感谢亲人，感谢朋友，感谢所有的一切，包括那些伤害过你的人。

当它发生，你或许会放声大笑，但并非因为高兴；或许会号啕大哭，却没有丝毫悲伤。

当它发生，你或许会知道以前很多事，可能是上辈子的事；或许会预知下一刻或未来会发生的事，没有原因，就是知道。

---

1 大意是：这里说的层次，也不能说是层次，只是用层次表示而已。所谓……并非……是名……是《金刚经》中的一个典型句式。

当它发生，你或许豁然心开，狂心顿歇；或许虚空粉碎，大地平沉。

不多讲了，等它发生，你自然会明白我在说什么。

"发生"是一件美好的事，也是一件平凡的事。当然，世间之事，都是平凡之事，正如世间之人，都是平凡之人。正是那些明白这个道理的人，开始变得不平凡。

不要期待"发生"发生，因为"发生"过后，好像也就是那么回事。

有诗为证：

庐山烟雨浙江潮，未至千般恨不消。
到得还来别无事，庐山烟雨浙江潮。

——苏轼《庐山烟雨浙江潮》

看到这里，相信你已基本明白了觉察的概念、作用和原理，不要期待自己明白了某个道理，烦恼就没有了，痛苦就消失了，情绪也无处遁形了，人生从此就彻底改变了。如果有这么简单的事，人类几千年下来，一定早已经消灭了痛苦。修行不是学知识。知识是你小时候学会了加法，这一辈子都会做加法。修行更像开车，你学会了开车，要经常上路，你开得越多，技术就越娴熟，能处理的路况也越多。

明白了觉察，接下来就是练习，反复练习，坚持练习。

练习分成座上修和座下修[1]。**专门静坐来练习觉察，叫座上修。下座以后，继续练习觉察，应用觉察，就是座下修。**

---

1 修行的专业术语。顾名思义，座上修，指在座位上修行，一般指打坐；座下修指座位下修行，一般指不打坐时的修行。

觉察练习还可以分成基础练习和应用练习。座上修是基础练习，让看见念头成为可能，有不跟随念头的能力。有了这个基础，才谈得上在生活中应用觉察。座下修中有基础练习和应用练习，如何感知动作，属于基础练习，如何对治情绪、习气，属于应用练习。

结合觉察的练习，在生活中修行也分成四个层次。

修行的第一个层次：假装修行。

生活中很多人，喜欢谈国学谈佛法，喜欢写"上善若水"，喜欢讲"色即是空"，他们经常听某些大师的课，偶尔也会读几部经典，看上去是个修行人，但从来不会真的修行。还有些人，自己研究东西方哲学、心理学、儒释道的经典，通过一些音频视频，觉得自己已经懂了修行，能说得头头是道。他们把修行当成生活的调味剂，或者提升"生活品位"的手段，不理解什么是修行，也不会真的想要去修行。

修行的第二个层次：把修行当工具。

他们接触到修行，有自己的师父，但出发点是希望自己生活过得更好。遇到困难时，想起修行，生活顺利时，就忘得一干二净。这类人也不少，很多"必经之路"的同学就是如此，他们学会了觉察的方法，但平时并不会刻意练习，当遇到情绪或者感觉自己状态不好时，才想起来要保持觉察，接下来好好练习几天。

修行的第三个层次：在生活中练习觉察。

他们发现如果只是把修行当成工具，这个工具会越来越不好用。"自我"会把你学到的所有方法用来对付你，包括修行。当"自我"的适应能力变强后，之前的方法，效果就会变差。意识到这个问题，就需要每天刻意练习觉察。静坐觉察、动作觉察、即刻觉察等，每天都有意识地练习，而不是等着有问题时，才想起来要练习觉察。这个阶段，修行成了他们生活的一部分。

修行的第四个层次：当他们成为真正的修行人，且修行到一定境界，能体会到修行很简单，因为修行无时不在，也无处不在。

修行不是一件事，而是每一件事；修行不是某一刻，而是每一刻。此时，基础练习、应用练习、座上修、座下修，都很重要，也都没那么重要，因为它们都是一回事。对他们来说：修行即生活，生活即修行。这个状态是：在觉察中生活。

这四个层次是有次第的，你处于哪个层次？

问与答

1. 有人撞了我，我也不骂他不说他，岂不是纵容坏人？如此下去，社会风气就越来越差。

答：有人撞了你，你该如何处理就如何处理。在生活中修行，不是让一个人甘愿受欺负而不吭声。生活中修行，是让你不被自己的情绪控制，让你不被习气控制。

有人撞了你，如果你有损失或受伤了，你可以找他索赔，也可以原谅他。但你没有必要愤怒，也没必要回撞他一下，或者吼他几句。那种反应，就是被情绪控制的反应。如果你没有被情绪控制，你或许还会提醒他小心一点，或者内心祝福他今天一切顺利。

至于这算不算纵容坏人，以及以后社会风气会不会越来越差，你要看见这种想法，只是自己头脑在编故事，只是你在为自己的生气找个理由而已。你只是没有和撞你的人对骂，就会导致社会风气越来越差？你不觉得这个逻辑很滑稽吗？原谅那个撞了你的人，少了一次吵架，不是表示社会风气变好了吗？

2. 觉察除了可以对治情绪，还有什么用吗？

答：觉察可以用来对治情绪，可以让你活在当下，可以让你看见所有的念头。一旦你能看见念头，你就可以让自己不被念头带走。情绪，只是生活中最明显的念头链条而已。你还可以用来对治自己的贪婪、傲慢、嫉妒等各种心态。

其实，当你真的明白了觉察，你会发现生活中的每一件小事，都开始变得有意思。生活从此开始变得精彩，生命也开始变得厚重。

3. 觉察的方法这么简单，又这么强大，这么实用，为何其他修行老师不教？

答：觉察的方法很强大，如果用于生活中，对减少人们的烦恼非常有效。并非其他修行老师不教，相反，大家一直都在教，只是你不明白。

《心经》讲观自在，讲不生不灭，讲无所得，讲心无挂碍；《金刚经》讲凡所有相皆是虚妄，讲一切有为法如梦幻泡影如露亦如电应作如是观，讲应无所住而生其心；还有些禅修老师讲动中禅，讲保持觉知，讲四念处。这些都是在讲"觉察"。

你觉得他们没讲，只是因为你没明白什么是"觉察"。《觉察之道》，也是在讲觉察，只是《觉察之道》讲得更深入浅出，更有针对性。

4. 学习觉察的方法，和社会上其他身心灵的课程内容，有什么不一样吗？

答：社会上很多身心灵的课程，有的偏重于心理学，也有偏重于修行的，而且不乏很多实用的课程，类似如何提升亲密关系，如何改善亲子关系，如何提升自己的能量，如何缓解情绪压力等。目前大部分课程偏向于教人解决某些问题，而觉察的方法，并非用于解决问题。一开始，可以用觉察来对治习气、对治情绪等，但目的并非如此，觉察的目的是让你增长智慧，让你醒来。

问题是永远解决不完的，生活中总是一个问题连着另一个问题，无穷无尽。如果你没有智慧，就好比一个盲人行走在世间，有人教了你一条路，知道了这条路上的障碍物，你学会了，但遇到另外一条路，你又需要学习……你学习了很多路，但依然不够，因为世间的路有无数条，而且就算你记住的路，路况也经常会发生变化。所以，你记住再多的路，走路还是会摔跤。就像你明白了很多道理，也过不好这一生。觉察要教你的，不是某一条路要怎么走，而是让你自己把眼睛睁开。当你睁开眼睛，哪怕没学过一条路，你自己也知道该如何走。

思考 与 练习

1. 谈谈你对"觉察"的理解，并举例说明。
2. 在你目前的生活中，最大的三个烦恼是什么？
3. 回顾一下自己过去的经历，你觉得哪些经历，让自己智慧增长了？
4. 觉察的四个层次，相互之间有什么关系？

第三章

以事炼心——座下修

并非白昼无忧无虑，并非夜晚没有希望和悲伤，
只有能无拘无束地超越它们，你们才是自由的！

——纪伯伦《论自由》

在生活中修行，就是把修行融入生活，行住坐卧都可以修行。你头脑中可能会有疑问：这么练习有什么用？为什么要这样？看见这些疑问，当某个疑问冒出来时，看见它，知道就好，不跟随，更不需要回答，它就是个念头而已。一个念头，需要什么答案？

你要做的是明白其原理，然后试着练习。

感知身体的动作

感知身体动作的练习，最是方便，随时随地都可以进行，而且除了你自己，别人根本看不出来，就算有人正和你面对面说话，也不知道你在练习觉察。

觉察的定义是：知道此刻的正在发生。身体的动作，也是正在发生。

从早上起床，你提醒自己觉察身体的动作：坐起来，睁开眼，揉眼睛，伸手穿衣服，扣扣子，下床，穿鞋，上厕所……你尽量知道自己的每一个动作，感知自己的每一个动作。这就是练习觉察。

你刚起床，想起昨晚的一个梦，居然梦到了好多年不联系的高中同学，他……呀！老师说要觉察身体的动作，嗯，我在穿衣，有点困，我在拿手机，咦，谁昨晚半夜给我打了几个电话？没有显示名字，骚扰电话吧，算了，今天上午还有例会，需要早点到公司，老板要求越来越严了，没办法，现在找工作不容易，牙齿怎么又出血了？算了都七点半了，吃不了早饭，要赶紧出门了……呀！说好的要在早上觉察身体的动作呢？

你想练习觉察，但半个小时过去了，你就练习了几秒钟。

这是正常现象，一开始都会这样，因为你过去几十年（甚至几百年几千年几万年）都是如此，随着念头流转，自己丝毫不会意识到自己在做的事情。

不要觉得沮丧，应该高兴，上面的例子，你在半小时中，有两次开始觉察自己的动作了，这就是进步，或者说，这是个飞跃！因为很多人一辈子也做不到这一点（也并非他们做不到，是他们根本不知道）。

当你意识到自己刚才错过了，记得要感知身体的动作，那就开始感知当下的动作，不要懊悔刚才的错过。当你开始懊悔，这是又一次错过。觉察只是知道，而不评判。知道错过了，知道就好。

虽然我反复强调，但还是有人会懊悔。懊悔了怎么办？也没关系，知道自己刚才懊悔了，回到当下，继续开始感知动作。此时，你又回到了练习觉察，多好！一切都是觉察的对象，动作是觉察的对象，"错过了动作"也是觉察的对象，"因错过而产生了懊悔"还是觉察的对象。觉察，一直都在，只要你愿意，你永远不会错过。你每一次知道自己错过，都是一次成功的觉察。如果不觉察，你怎么知道刚才的错过？

接着练习觉察，去感知身体的每一个动作。比如在吃饭中练习。

吃饭时，只是吃饭，不要看手机，不要想别的事情，把觉知放到手上、嘴巴里。感受自己夹菜的每一个动作，感受自己一口一口咀嚼食物，感受食物的味道，感受自己的吞咽动作。只是这么感受。不要被味道带走，不要被想法带走，不要焦虑要处理的工作。当然，被带走了也没关系，知道，回来当下继续感知动作就好。

什么叫"不被想法带走"？指当一个"想法"出现，及时"看见"这个想法，不跟随"想法"。例如想起明天的旅游安排，及时看见这个想法，不要继续，继续感知吃饭的动作。当你继续细化明天的旅游安排，考虑更多的细节，这就是被想法带走，也就是被念头带走。

看D同学在吃饭中练习觉察的例子：

调心：端身正坐，思维一粒米来之不易，心生感恩和对自然的恭敬之心。

拿筷子并整理，知道。

夹饭，身体前倾了，知道。

张嘴，筷子和嘴唇接触，知道。

咀嚼米饭，舌头配合牙齿一起动，知道。

身体有些僵硬，坐直放松。

感受米饭的甘甜，知道。

米饭粘在牙齿上，知道。

咀嚼有点用力，放松咀嚼。

想起孩子的老师……回来继续咀嚼。

吞咽不顺畅，知道。

筷子夹豆腐，感受到豆腐的弹性。

右边牙齿一次一次咀嚼豆腐。

这么慢地吃饭，会不会浪费时间……知道。

……

吃完饭，动作轻柔收拾碗筷，凳子回归原处。

上面的作业中，后面之所以加一个"知道"，只是辅助作用，帮助我们明确在感知动作。一开始可以用比较严格的方式训练自己，等熟练了，就不需要这么严格了。

还有个很适合练习的场景：在走路中修行。看W同学提交的在走路中修行的例子：

指导原则：走路过程中，要感知身体每个动作，要像给大地盖章一样行走。

脚跟先着地，然后是脚掌。右脚跟上，动作缓慢了。

手背在后面。

身体有些晃动，放慢动作。脚掌和地面贴合。

有风吹过，有点凉，会不会感冒……知道（被带走，继续感知走路的动作），脚趾抓地。

脚掌有用力。

膝盖弯曲，提脚，很稳，我给大地盖章。

有人路过，看了我一眼，估计觉得我有点傻……知道（被带走，继续）。

脚下有枯叶，知道。

我在呼吸，知道。

左边有棵树，知道。

有说话的声音，知道。

手放松了，自然摆动，身体晃动。

……

无论是吃饭，还是走路，都把觉知放在身体动作上，感知每一个动作。一旦发现被念头带走，及时回来，继续就好。一开始刻意练习，让自己能全然感知自己的动作，尽量不被念头带走。等掌握了关键点，就可以不用这么刻意，还可以把这种练习放到你日常任何事情中。例如在做饭中练习，在聊天中练习，在写字中练习，在工作中练习……

觉察身体的动作，你会发现一个现象：所有动作都会变慢。你不再像以前一样毛毛躁躁、匆匆忙忙，你的动作会变得优雅！是的，就是优雅！每一个动作，都很优雅；每一个动作，都很漂亮；每一个动作，都很完美；每一个动作，都是一次花儿的绽放。

当你看到这里，留意当下自己看书的姿势。如果你在认真看书，会自然调整你的坐姿。是的，哪怕没有人会注意你，你也会调整，你会放下二郎腿，你会端正一点，会放松紧绷的部位，然后嘴角还会向上翘。我说中了吗？并不神奇，因为当你提起觉察，一切都会回到正确的轨道上。这也是为什么，那些修行好的人，做的所有事都是当下"最合适"的，刚刚好。

你或许有疑问：这么做有什么用？我吃饭时看手机，可以处理工作，可以学习英语，可以了解新闻，难道不更有效率吗？

修行，并非为了让你提高效率，并非让你变得更忙，或者变得更聪明、更有能力。你要意识到一个问题：过去几十年都是这样做的，都是在追求更有用、更有效率、更强大，为何你的现状还是如此糟糕？

以前，我打算闭关一个月，不看手机，不和外界联系。我挺担心的，担心会错过很多事，或者有人需要时找不到我。等我闭关结束后，我发现，一切都很正常。我问朋友最近一个月社会上发生了什么大事，他想了好久，说："我想不起来了，有件事挺大的，就是某国和某国打仗了，但这跟你我几乎没什么关系。"现在网络很发达，每天都有海量的资讯、视频产生，我并非说这些都是垃圾，但如果你错过它们，哪怕所有，并不会有任何问题。

就算你的工作性质可能与此相关，但错过一顿饭的工夫，用它来练习觉察，不会对你的工作产生多大影响。为什么不试试呢？真正的有效率，并非把自己搞得很忙，而是要有智慧。

当你真习惯感知身体的动作，你会发现，做事的效率可能还会提升。你之所以做事效率低，是因为在做事过程中，你总被各种念头带走。本来只是想打开手机查某个工作相关的信息，但看见了某个娱乐新闻，然后点了进去……半个小时过去了，你忽然觉得茫然：我刚才想干什么来着？如果你习惯了感知身体的动作，在你看见娱乐新闻，想点击查看的那一刻，你就会看见这个想法，知道，继续查找你想查的内容。

感知身体的动作，感知当下的每一个动作，这是在感知动作，也是在感知当下。此刻，你当下这一刻就鲜活起来了，就有了意义。反之，你的当下，是在毫无知觉中度过的，让它白白溜走了，你不觉得可惜吗？

感知身体的动作，不算困难，只要你意识到，马上就能开始感知。困难在于，你很难一直感知身体的动作，因为会有太多的想法把你从这种感知中带走。如果你能看见你的想法，也是一种练习，练习自己看见念头的能力。

看见当下的念头

在生活中练习觉察，基本要求是：及时看见当下的念头。换种方式表达，就是能及时看见自己的想法。一旦看见念头，不继续跟随，不因为以前的思维习惯（习气）而自然反应，这样就打破了反应模式，有了选择的自由。这么讲太抽象，来看看实际例子。

六点多去理发，理发师随口问："吃饭了吗？"我很随意地回复了一个"嗯"。

马上觉察到不能撒谎，赶紧说："还没吃呢，剪完头回去吃！"

这是"必经之路"A同学提交的作业，很普通的场景。我们许多时候的行为，是无意识的自然反应。自然反应并非都是坏事，类似上面的例子，自然反应说"吃了"或者说"没吃"，都不算什么问题。问题在于，我们不知道自己在做什么。一旦遇到情绪的自然反应，那就成了问题。遇到有人骂我们，我们自然火冒三丈，情绪就失控了。**觉察，是让我们知道自己的所有反应，知道此刻的正在发生。**

理发师的问题"吃饭了吗"，A同学自然反应是"嗯"。此时她或许内心在想着孩子的作业还没做，或许想着明天上班要开会的事，她没有回到当下。所以，随口回复了一个"嗯"。一旦提起觉察，就能回到当下。当A同学意识到自己说谎了，赶紧更正了回答。这个看见，已经很不错了，如果还能更及时一点，就是在A同学要回复"嗯"之前看见。

接着看B同学的例子。

在走廊上遇到某个同事，看了一眼，她没跟我打招呼。以前我和她关系挺好的，自从她升职以后，开始变得不一样了，现在居然连招呼都不打了，真没想到她是这样的人，势利眼，以前我还帮她好多……

呀，我又在想她的毛病了！真是搞笑，好像自从她晋升后，我经常挑她的毛病，嘴上不说，心里也总想这些事！哈哈！原来是我嫉妒她！

B同学看见了自己当下的想法，还发现了自己的反应模式，最后还找到了自己的问题。当B同学看见想法，就不会继续之前的想法，不会继续回忆同事的毛病，B同学发现了自己的反应模式："同事晋升后，自己总挑她毛病"，这个反应模式也会停止。B同学找到了这个反应模式背后的原因：嫉妒！这很难得，也很有意思，不是吗？

当B同学认为是别人的问题时，事情会没完没了。当发现是自己的问题，怎么还会有抱怨和不满呢？"自我"对自己从来都是宽容的。

当你看见自己的习气，不再跟随，习气会自然减弱。当你能反复看见自己的习气，它也就无法再控制你。或许下次B同学还会不知不觉挑那个同事的毛病，但很可能的情况是，B同学会很快意识到这是自己的问题：嫉妒心又起来了！几次之后，这种事情，也就消失了。

再看C同学的例子。

吃午饭时，小娃拿着筷子在那儿一直说话。

我提醒他先吃饭。他还在说，还越说越起劲，还问了一堆问题。

看着他一口没动的饭，我怒了，准备吼他时，看见自己的情绪，怒火散了。

平常语气对娃说："先吃饭，吃完再告诉你答案啊。"

这是个很典型且成功的觉察。C同学在怒火出现时，及时看见了"怒火"，怒火就散了。这里的怒火散了，不是忍了。若是"忍"着，等小娃吃完饭，说不定还得打一顿。一次简单的觉察，避免了一次家庭争吵。

继续看例子，D同学。

今天去洗手间，推开门看见有大便没有冲，于是换了另一间进去方便。出来后正准备离开，看见自己"怕麻烦"的想法，自己过去一直这样呢。想着下个人看到估计不舒服，憋气把那大便冲下去。

D同学上完厕所准备离开时，看见了念头，改变了想法，做了件平时不做的事，这就是变化。觉察并非为了做好事，而是让我们不被习气控制。能够打断念头的相续，也就打断了习气对自己的控制，若经常如此，就能渐渐降伏自心了。

最后举一个例子。

下午，领导又说那个券信息不完善，和网上的不一样，我很想掸他：那是不一样的系统，怎么会一样呢？看见自己的想法，嗯，要好好沟通。

我说："那我尝试一下吧。"

情绪反应太快了，赶不上觉察的速度了，又迅速给领导来一刀："你要求太多了！"

不过后面和他沟通需求，解决了。意识到我以前都是夹枪带棒地掸他，戾气真重啊。

一开始，同学觉察到自己"想掸"的念头，知道，念头消失。好好说话。但很快情绪又出现了，这次没能及时看见，继续"掸"了一句。如果能继续看到自己的念头，就会心平气和地沟通。之后意识到以前的事做错了，就不算觉察，而是反省。觉察是当下的，反省是事后的。当然，有了这次的反省，下次就会有进步了！

通过这几个例子，相信你对在生活中练习觉察有了初步的认识。因为"觉察"太简单，很容易错过，所以，很难清晰定义其边界。当你觉得模糊时，回归到觉察的定义：知道此刻的正在发生。时刻知道自己的想法、感受、行为，只是知道，就像在一旁看着小孩子的各种行为动作一样，这就是觉察。

一个故事

讲一个故事。

一个妈妈带着自己的小孩，在大街上散步。

小孩有好几岁了，妈妈不用一直牵着他，但马路上人来人往，车水马龙，所以妈妈一直注视着小孩。

小孩一路自己玩着各种游戏，时而跑几步，时而蹲下来，时而捡石子，时而摘花草。他完全不知道妈妈一直在看着他，这也根本不重要。

当对面有汽车过来，妈妈马上打断了小孩的游戏，把他拉到了一边。等汽车过去，妈妈又放开手，继续只是看着，小孩也继续玩耍。

故事中的小孩，相当于平时的自己；故事中妈妈看着小孩，相当于觉察；汽车来了，相当于情绪。

我们说提起觉察，其实这个表达方式并不准确，因为觉察一直都在（那个"觉"一直都在），只是我们平时不会意识到。就像那个妈妈一直在看着自己的小孩，但小孩不知道，或者小孩根本没关心这件事。此时若有人问小孩：你知道你妈妈一直在看着你吗？小孩或许会回答：是啊，她一直在看着我。但当小孩玩自己的游戏时，他完全忽略了这件事。如果小孩遇到陌生人，感觉到了危险，小孩会第一时间想起妈妈在看着他，他可以随时向妈妈求救。

这个故事还解释了，为什么觉察不会影响我们日常的行为。你该工作时工作，该思考时思考，该睡觉时睡觉，该快乐时快乐，该悲伤时悲伤。但这些都无法困扰你，无法束缚你，因为你可以随时跳出这个状态，只要你愿意。就像小孩可以一直玩自己想玩的游戏，但妈妈可以随时打断他，只要妈妈愿意。

这只是个比喻，若要讲得更究竟一点，故事中的妈妈、小孩、汽车都是"你"。

当你能"看见"某个念头，这个念头会自己停止。你可以让念头继续或不继续，此时你是自由的。就像我知道我在写文章，我可以继续写，也可以停下来。就像妈妈看见小孩在玩游戏，可以选择让他继续，也可以选择让他停下来。因此，当你保持觉察，并不会影响生活。

上次有同学说："对啊！我在发火的时候，也知道自己在发火，但还是选择继续发火，我是自由的。"

不，这种情况大概率还是被情绪控制了。你不是选择了发火，而是你根本无法停下来。你根本不是主人，而是奴隶，是一台按照模式反应的机器。你找的这个理由，只是"自我"的一个小把戏。"自我"很强大，它能把你学习到的一切都变成自己，然后用来对付你，包括修行方法。

"修行了就不应该发脾气了吗？"

一开始，你可以这么认为，毕竟你还不懂如何控制情绪。但当你真正懂了，有一定的修行能力了，你会发现：你可以在没有愤怒时愤怒，这叫怒而不愤。愤怒也叫怒愤，"愤"就是心贲，有心振起、隆起的意思，表示郁结于心，狂躁不安。"怒"[1]是发怒，明显地表形于外的生气。怒而不愤，是指表现得很生气，但内心并不郁结不挂碍。

你就像一个优秀的演员，这个场景需要你演什么，你就是那个被需要的角色，没有丝毫偏差，你知道自己是个演员。你只是演员吗？不止如此，你还是编剧加导演！

因此一开始，一旦情绪出现，就用觉察来对治，不要放任情绪

---

1 怒，还有"心之奴"的意思。这意味着当你陷入愤怒情绪时，就成了心的奴隶。

爆发。

类似的情绪还有焦虑。当我们担心某件事（一般指担心未来会发生某件事），就会焦虑。"虑"是思考、考虑，"焦"是担心、着急。当你看见自己的焦虑，可以做到只是考虑应对方法，而不担心着急，这就是"虑而不焦"。

回到当下

我们要么活在过去，要么活在将来。我们会为了几年前某人曾背叛自己而记恨在心，不能释怀；我们会为了孩子的现状而担忧他的将来，夜不能寐；我们为了昨日的失误而羞愧懊悔，我们为了明天的会议而担心焦虑；我们吃饭想着下午的工作，我们在工作时回忆着刚才的午餐；就算我们在打坐静心，头脑里也总出现情人的影子。这就是我们生活的日常状态，这也是带给我们烦恼的根本原因，我们无法回到当下。

什么是回到当下？

佛陀开悟后，教小孩如何吃橘子。他说，剥橘子皮的时候，知道自己在剥橘子皮，感受自己手的每一个动作，感受橘子的柔软和橘子皮的气味；掰橘子的时候，知道自己在掰橘子，感知自己掰橘子的每一个动作；吃橘子的时候，知道自己在吃橘子，感知自己吃橘子的每一个动作，感受橘子在嘴里的味道。

这就是回到当下。看上去很简单吧？是的，就这么简单，简单到我们时刻都在错过。回想一下你吃橘子时的场景：你拿起橘子，想起橘子是同事张三送的，上次帮了他那么多，他就送了几个橘子，这个人特别小气，上次几个人一起吃饭，他吃得最多，但临埋单时，他装着打电话，提前离开了……想着想着，橘子吃完了，你接着开始刷短视频。

很显然，回到当下，可以让我们此刻不再烦恼。烦恼只会存在于过去与未来，无法进入当下。

虽然此刻不再烦恼，但烦恼依然存在啊！小孩的未来依然堪忧，明天的工作还是很多，婆婆对我的恶劣态度也不会因我回到当下而有任何改变！回到当下有什么用，不过是逃避问题罢了！

如果你是这么想，也没有错。如果你不愿回到当下，希望当下思考很多其他事，焦虑很多其他事，抱怨很多其他事，完全可以的。并非说，任何时候，你都必须关注当下的每个动作，而不思考其他事情。还记得大街上的小孩吗？妈妈可以一直牵着他，也可以不牵着他。

同时，如果你是这么想，你也错了，你忽略了一些真相。错误是过去产生的，已经过去，当下没有错误。问题来自未来，未来还没到来，当下没有问题。此时此刻，该做什么做什么，能有什么问题？而且，每一个未来，都由当下产生。如果当下这一刻你能淡定，当下产生的下一刻，你也能淡定；如果当下这一刻你很焦虑，当下产生的下一刻，你也会焦虑。

举个例子。

老婆回到家，看见老公又躺在沙发上看电视，顿时火冒三丈，开始数落老公："一有点时间，不是看电视，就是玩游戏！就不能上进一点吗？说了多少遍，用业余时间学点东西，好歹换一个更大的房子！像你这么下去，这辈子也赚不到什么钱。嫁给你真是倒了八辈子霉！"

老婆的这一段话，先是回到了过去，翻出来以前的事，越想越生气，又担忧未来，这一辈子也赚不到钱。就是没有回到当下。如果回到当下，要么提醒老公"不要看电视了，可以去学点什么"，要么陪他一起看电视，就这么简单。

烦恼永远解决不完，焦虑和抱怨对未来不会有任何帮助。当你时刻都能回到当下，会发现那些担心的事，并没有想象中的那么严重。问题出现时，处理问题就好，这就是活在当下。如果你能一直如此做，绝对不会有事情能困扰你。愤怒的事，已经过去，担心的事，还未发生，你要处理的，只是当下的事情，就这么简单。

你真正需要面对的，永远只有当下的事情。因为生命只会在一个又一个当下中展开，而过去和未来，只是存在你头脑中的幻象。

当你提起觉察，练习觉察，就能回到当下，活在当下。

此时，我假设你已经对觉察有了基本的理解，接下来介绍练习觉察的方法。

当你吃饭时，把觉知放在身体的每一个动作，放在手上，放在嘴里，知道自己在吃饭，感受每一次的咀嚼，感受饭菜和口腔的接触，感受食物的味道。只是感受，不做判断，不被念头带走。其间出现念头，知道，继续回到当下。

当你走路时，把觉知放在脚上，知道自己在走路，感受脚掌和地面的每一次接触。你可以走得很慢，每一次落下脚掌，就像拿着印章印在大地上。你可以走得快，感受微风拂面，欣赏绿叶蓝天。只是感受，只是知道，不去思考别的事情。其间出现念头，知道，继续回到当下。

当你写字时，把觉知放在笔尖，知道自己在写字，感受每一个笔画的流动，只是感受。当念头出现，不做判断，及时回到笔尖，不被念头带走。其间出现念头，知道，继续回到当下。

当你说话时，知道自己在说话；当你微笑时，知道自己在微笑；当你写代码时，知道自己在写代码；当你发呆时，知道自己在发呆。只是知道，**一直知道当下的每一件事、每一个动作，不做判断，不被念头带走。**

总之，当你在做任何事，知道自己在做这件事；当你处于任何状态，知道自己处于这种状态。一开始练习，很容易，但持续时间很短，就会被念头或对境带走。被带走是正常的，没关系，尽量及时发现，回到当下，继续练习。这个方法很有用，经常练习，你的觉察力会提升很快。

设想一个场景：当你正在上班，发现地震了，大厦摇摇欲坠，大家都在疯狂往外跑！此时此刻，你会想什么？

此时此刻，你不会想明天的工作，不会想孩子的学习，不会想婆婆的唠叨，不会想房子车子工资，这些你都不会想，你想的是：如何快速跑出去，脱离危险！

做此刻该做的事，这就是活在当下！什么是此刻该做的事？

吃饭时，吃饭；工作时，工作；睡觉时，睡觉。这就是活在当下。

下班回家，看见儿子又在玩游戏，你火冒三丈，大声呵斥道："说了八百遍！高考前不要玩游戏，你就是不听！成绩上不来，考不上大学，眼睛也坏了，以后打算啃老吗！"

这个场景，你说的前面三句，是回到了过去，后面四句，是去了未来。

如何回到当下？看见儿子在玩游戏，你火冒三丈。看见自己想发火了！嗯，心平气和地说："儿子，别玩游戏了，咱们一起做作业吧！"

这就是此时此刻该做的事，这就是回到当下。

当你回到当下，愤怒和焦虑都无法进入。但绝大多数人会在愤怒升起的那一刻，直接爆发出来。这就是人们常说的，我就是控制不住自己的情绪，这是被对境带走。一旦被对境带走，很难回到当下。

如何才能做到不被对境带走？这就需要练习觉察。保证自己能在情绪升起的那一刻，或情绪升起之前就能看见情绪。

你可以练习"闹铃觉察"[1]，练习回到当下。方法如下：

设置七个闹铃（你可根据实际情况增多或减少），一旦闹铃响起，保持此时身体不动，留意此时自己身体的姿势、感受、念头、想法。然后进行三次深呼吸，提醒自己接下来的几分钟内保持觉察（感知动作、看见念头），然后继续做当下正在做的事，并尽可能地保持觉察。

以事炼心

有不少人对修行感兴趣，平时习惯看一些修行相关的书，上一些修行相关的课，认识一些有修行的人，还会和朋友一起讨论修行的问题，看上去是不错的修行人。然而，一旦遇到一点挫折，这些人就开始怨天尤人、垂头丧气、自暴自弃、痛苦不堪……

修行，不是为了让自己过得开心，不是为了让自己有更多财富，也不是为了让自己的人生变得顺利。人生是否顺利，是否会更有钱，这跟修行关系不大。修行，可以让我们有能力面对任何困境。

修行，需要在事上练，以事炼心。当你明白了修行的方法，需要在事情上练习。

顺境，对修行来说，不一定是好事。当一个人处于顺境，容易变得傲慢、自大，觉得自己无所不能。特别是对于那些修行新手，太顺，不算好事。顺境安逸，般若无缘。反之，当一个人遇到逆境，反而是修行的好时候。而且，检验一个人修行水平如何，看他在逆境中的反应，就是个很好的衡量标尺。

1　此方法由天空训练营不二飞船号提供，船长是绿荷。

在"必经之路"的工作中，出现矛盾冲突，我是最淡定的，因为我觉得大家练习修行的时候又到了。**逆境就是很好的修行机会。**

并非让你为了修行，故意让自己处于逆境。这样是找罪受，是造作，是学傻了。要像天空面对乌云和白云一样，坦然面对生活的逆境和顺境。

对于真正的修行者，并非只有逆境适合修行，顺境同样可以，苦乐皆为道用。所谓的逆境还是顺境，也只是一个标签（念头）。当你能回到当下，只有当下该做的事，哪来的顺境或逆境？你看那些修行好的人，很少焦虑未来，因为未来无论发生什么，是好是坏、是顺是逆，对他来说，都挺好。

在生活中修行，有两个基本条件：老师和老实。

修行若没有老师指导，大部分情况下都会是盲修瞎练。很容易走偏了，还茫然不知。修行的老师，是一面镜子，可以帮你看见很多自己看不见的问题。这里的老师，是指真正懂修行的老师，并非生活中说的"三人行，必有我师"。在修行路上，不存在"三人行，必有我师"，三百人也不行。一个盲人看不见路，三百个盲人在一起，也看不见路。如果没有合适的老师，一旦修行方向出错，越努力，错得越厉害！

这种情况很多。你留意身边一些学佛多年的人，他们很努力，但时间长了，脾气却越来越大，很多事情都看不惯了；又或者他们要求身边人念佛、吃素、抄经，不能做这不能做那。总之，搞得大家和他相处，都提心吊胆。这种十有八九就是方向错了。如果有老师指导，老师会告诉他：修行，是用来要求自己的，不是用来要求别人的。

或许你有疑问："我要求家人吃素、抄经、念佛号，是为他们好，对他们生生世世都有利，我这是慈悲，难道也错了吗？"

不去判断这件事的对和错，而是说这么做的方式不合适。这并不是慈悲，而是执着。当你想改变他人，就是执着，想帮助他人，才是慈悲。对待身边的人，如果有人向你请教："吃素有什么好处，去哪里可以领抄经纸？"你很用心地告诉他们，甚至花钱请他们吃素、抄经，引导他们走上这条路，这是在帮助他们。反之，你认为某件事对家人有利，就去要求他们，他们不做，你会不高兴。这就是想改变别人。

再举个例子。隔壁老王身体不好，还经常抽烟。一天，你碰到老王，他又在剧烈咳嗽。你过去跟他说，可以戒烟几天试试。之后还买了一本如何戒烟的书给他看。老王会认为你很关心他，觉得你这人不错。如果你三番五次去老王家，劝他戒烟，并要求他家人一起配合，禁止他抽烟。每次见到老王，都会劝他戒烟。老王会认为你一定是疯了。

不要试图用修行的方法改变他人，这很重要！[1]"必经之路"的"三不"原则：不推销、不拒绝、不求名利。就是基于这点而提出的。

想改变他人，也是一种习气。故孟子云：人之患，在好为人师。下次，当你想改变他人时，及时"看见"，停下来，这就是修行。

另外一个要求是：老实。老实，是对自己诚实，对老师诚实，还要老实听话。对修行来说，最大的敌人不是欲望，而是虚伪。老实，还表示不能投机取巧，不要自作主张，老实听话。按照老师提的要求，老老实实照做就是。学知识，需要刨根问底，而修行，需要老实听话。这一点其实挺难的，现代人都怕吃亏怕上当，学会了精明，很少会老实听话。

做同样的一件事，可能是在修行，也可能是被欲望控制。做

---

1 上次有人问："蓝狮子，你写《觉察之道》，不就是想改变别人吗？"我笑了笑，说："你说得对！"

"必经之路"，倡导大家抄写经典，就算不收任何费用，如果内心出发点是为了建立一个最有影响力的组织，让自己更有名气，这就是被欲望控制。如果做"必经之路"，不计较自己的得失，只是为了帮助更多人减少烦恼增长智慧，这就是修行。这二者都是在引导大家抄写经典，但前者是在加强对"自我"的执着，后者却是减弱对"自我"的执着。修行是降伏其心，前者是跟随欲望，后者却是让自己减少欲望。

最后讲件趣事。一次我在天空训练营开营典礼上说："接下来一个月，大家在'必经之路'学的关于修行的内容，不要和身边朋友和家人分享。"有同学就很不认同，问："为何不能分享？分享是美德，我觉得应该提倡分享，分享越多越好……"我要求每个同学每天早晚各静坐十分钟，观念头。有同学说："蓝狮子老师，十分钟太短了，我建议是三十分钟，我上过其他课，至少都是要求静坐三十分钟的，因为……"我笑了，说："你们嘴上说'老实听话'，但实际却是要求'老师听话'啊。"很有趣，不是吗？

问与答

1. 我们吃饭中练习觉察，除了练习觉知动作，是不是同时在练习"及时看到那些念头"，并且把它切割掉？

答：你的这个体会很棒！吃饭中练习觉察，目的是觉知动作，但也是在训练看见念头的能力。如果你不能看见念头，就会被念头带走，自然就无法觉知动作。

但并非把念头切割掉。念头，只要能看见它，不跟随，它会自己消失。所以，虽然表面上看似你在中断它，但实际是念头自己消失的。

这个逻辑需要很清楚。因为觉知本身，不参与念头，只是知道。不会拒绝某个念头，也不会欢迎某个念头。就像万物都在生长，大地不会干预，只是承载万物。觉知相当于大地，万物就是那些念头。

2. 觉察练习到什么程度才算合格了，可以放下练习？

答：你能用觉察，熟练地对治生活中出现的负面情绪，算是掌握了觉察的基本方法。以后遇到任何情绪，哪怕你没能成功对治，但你知道该如何做，不会为此焦虑慌张了。不过，就算你这段时间很熟练地对治了某些情绪，并不意味着你以后一直都可以。烦恼层出不穷，只有让自己觉察力越来越强，执着越来越少，智慧才会越来越多。所以，需要持续不断地练习。

用觉察对治情绪，本身就是在练习觉察。练习觉察的目的，就是练习觉察本身。你希望自己有个好的状态，而每天能练习觉察，就是很好的状态。

当你足够熟练，你会根本不用"练习觉察"，而是"练习觉察"自己在发生。就像你不用特地呼吸，但呼吸一直在发生。

修行，不是某一刻；修行，是每一刻。踏向彼岸的每一步，就是彼岸本身。

3. 请问老师，我对待自己的工作没有以前那么投入，没有对待"必经之路"的事情这么认真，对"必经之路"我任劳任怨，毫无怨言，非常乐意的，但我对待工作就没那么认真，不愿意付出，更没有努力到无能为力。这是不是有问题，我该怎么办？

答：这是有可能的。以前你为了钱而努力工作，你认为有了更多的钱，就能解决现在的痛苦，就能保证未来过得幸福。现在，你知道这种观点是荒谬的，那只是个骗局。所以，你开始没有那么喜欢赚钱了，也就没有那么想为了赚钱而工作了。特别是那份工作，除了给你带来金钱外，好像没有其他的收获时，你就更不愿意努力对待工作了。这也是你很喜欢"必经之路"工作的原因。

因此，你的这个现象，不是个问题，反而是个进步。

这或许是个契机。我知道你的家庭生活没那么需要钱，也知道你目前的工作，其意义与价值很难达到你的期望。所以，你可以考虑换一份更有意义、更喜欢的工作。可能收入不一定有现在那么多，但又会是一个新的经历，一个新的体验。这可能会给你的生活带来不可预期的变化，但这对一个看重修行的人来说，不是坏事。

而且，当你对修行的理解更加深入，你也会发现：工作和修行，并不是分离的。完全可以把修行融入工作中，在工作中修行，把在"必经之路"倡导的理念，应用到你的工作中。那时，工作会是你的修行道场，你会爱上你的工作，如同在"必经之路"工作一样。

4. 我听人说，一个人只有爱自己，才能爱别人。我是不是等修行好了，再去爱别人，再去利他？

答：很好的问题。你或许先要搞明白：什么是爱自己？

爱自己，有三个层次。第一个层次，是照顾好自己。让自己有个好的生活习惯，买一些自己喜欢的衣物，做一点自己喜欢的事。这算是爱自己。

第二个层次，是接纳自己。每个人都不完美，接纳自己的内向，接纳自己的不自信，接纳自己不擅长演讲，接纳自己的能力没那么强……当一个人接纳自己的"缺点"，那个缺点也就无法再困扰他，缺点也就不再是缺点，是真可能会变化。例如接纳自己不自信的人会开始变得自信起来，接纳自己结巴的人，说话开始变得流利。

第三个层次，是认识自己。当你真的认识自己，认识到真正的自己是谁，你会发现所有人都很可爱，都值得爱！此时，慈悲心会出现，你会爱上所有人，也会爱上众生。

这三个层次，并非递进关系，而是可以同时进行。

如何认识自己？修行是其必经之路。修行就是不断认识自己的过程，也是不断消除"我执"的过程。利他，是很好消除"我执"的方法。并非要等修行好了再利他，利他本身就是修行。

**思考
与
练习**

1. 以事炼心，是在借假修真。什么是"假"？什么是"真"？

2. 按照本章介绍的方法，走路时练习觉察，每天至少十分钟，坚持七天。

3. 挑战一小时不看手机。这一个小时内，若发现自己有想看手机的念头，及时看见，不要被带走。一个小时结束后，记录你的体验感受。

4. 挑战二十四小时不思他人过。接下来一天时间，当心中想起他人的不好，出现埋怨时，及时看见，并回到当下。记录你的体验感受。

第四章
观念头——座上修

致虚极，守静笃。

万物并作，吾以观其复。

夫物芸芸，各复归其根。

　　　　　——老子《道德经》第十六章

　　"必经之路"的某位同学，发了个朋友圈，说她刚上初中的女儿学会了觉察。

　　上初一的小姑娘今晚说："妈妈，我也会觉察了。"

　　"噢？给妈妈讲讲！"

　　"平时我想讲同学坏话时，我看到了，就没有讲；爷爷在叨叨我时，我觉察，就没有掉他，笑着回应他；和同学一起，很想炫耀自己去过哪里哪里，我看到了，没有说。"

　　"这么厉害？你在哪里学的？"

　　"我平时听到你听课时学的。"

　　你看，一个刚上初中的小姑娘，只是在妈妈上课期间，自己偶尔听了几句，就明白了觉察是什么，还在生活中实践了！

　　然而，并非你懂了什么是觉察，懂了如何应用觉察，你就能减少七成烦恼。本书反复强调：学修行和学知识不一样。你知道了如何解一元一次方程，以后也会知道如何解这类方程。但你做到了一次成功的情绪觉察，并不意味着你下一次情绪出现时也能成功。而且懂了很多修行知识，并不一定能提升修行。正如你懂了很多道理，也不一定能过好这一生。

若不能练习实践，你懂的修行知识多了，反而有可能会障碍修行。修行修行，需要实修，也需要践行。练习觉察，就是实修，就是践行。这种练习，需要持之以恒。座上修，就是必不可少的练习。

如何座上修？此刻，就是现在，就在此地，你用手机定一个三分钟的闹铃，然后，自然放松，坐直就好。

你微闭双眼，开始关注自己头脑里的想法。无论是什么想法，看见就好，不要跟随。

想拿手机，知道（不动，继续坐着）。

想看电视，知道（不动，继续坐着）。

有声音，知道（不用去管）。

头有点痒，知道（不要挠）。

小狗来了，知道（不要和它玩）。

想起明天的会议，知道（不继续思考）。

想起张三说了我的坏话，知道（不继续想张三的缺点）。

这么坐着就是座上修？这修了个什么？不是骗人的吧。知道（不想了）。

……

三分钟结束！

三分钟，只有三分钟。你体验到了什么？你可能体验到平静，也可能发现自己有很多念头，还有可能发现自己被某件事影响了，一直在思考那件事。这都是很难得的体验，而且是个"了不起"的开始，因为你开始关注你的念头了。过去几十年，你可能从来没有关注过它们，也从不知道，只是三分钟，居然有这么多念头出现。

是不是很简单？简单到你什么都不用做。是的，你什么都不做，只是看着念头。甚至看着也不是你主动的，是念头自己出现了，你知道了，这叫观照。就是"观自在菩萨"的那个"观"。你什么都不做，念头来了，就让它来，知道就好，消失也就消失了，新的念头也过来了，知道就好。

当你看见念头出现，只是知道，这种方式，会自动切断念头的链条。

念头的链条是什么？你想起明天的会议，要分享的数据还没准备好，总是要做这些无聊的工作，会议总是那么长，什么时候才能出去旅游一次呢？张家界不错，听说《阿凡达》就是那里取景的。好久没看电影了，明天带女儿去看电影。女儿最近好像心情很不好，不会抑郁了吧，这个社会抑郁的孩子越来越多，世道到底怎么啦……

从明天的会议，到了想看电影，最后到了埋怨这个世道。一环扣一环，这就是念头的链条，看似荒谬却又符合逻辑。无论你有没有意识到，平时头脑中念头的运行轨迹就是这样的。这也是人们工作时，很难专注在某件事上的原因。如果不经过专门的训练，就会被念头链条带着到处跑。而本书要教的方法，是用来"切断"链条的练习。说切断，也不准确，因为你只要什么都不做，链条自然就断了，根本不用"切"。

这种练习，就是观念头，我们称之为"静坐觉察"，也就是座上修。用这个方法练习，让自己能及时看见念头。你能及时看见每一个念头，当情绪出现，自然也能看见。

情绪的本质不过是一个念头接着一个念头而已。一旦你能看见情绪的念头，就有机会摆脱情绪的控制。

基本练习

静坐觉察，顾名思义，静坐+觉察。你只要安静地坐着，什么都不做，知道此刻的正在发生，就是静坐觉察。对于初学者来说，容易受到外界干扰，这里提一些建议：

○ 环境

尽量找一个安静的、不被打扰的环境。不要播放音乐，可以是完全黑暗的，如果不能，也尽量不要有太强烈的光线。不用点香，也尽量不要有刺鼻的气味。静坐前，不要喝酒，不要吃得太饱，不要吃太辣、太甜或太刺激的食物，尽量穿宽松一些的衣服。

○ 姿势

推荐的静坐姿势[1]：双腿交叉盘坐，脊背自然挺直，双手结定印，双肩微张（让胳膊和上身有一定间隙），下颌微收，微闭双目，舌尖轻抵上颚。这只是推荐姿势，而非必要。必要的姿势只有一点：脊背自然挺直。双腿不一定要单盘或者双盘，直接散盘也可以（自然交叉）。如果不适应这个姿势，还可以采用更自然的姿势：坐在椅子上，双脚平放于地面，保持脊背自然挺直。其实，姿势没那么重要。推荐姿势，是为了让你不会因久坐而受静坐姿势的

---

1 本书推荐的姿势，也叫毗卢七支坐法，指打坐时的七个要点，一般修行人打坐皆用此姿势。不过对于练习静坐觉察，此姿势并非必须。之所以推荐，是因为如果长时间做静坐觉察练习，这是最理想的打坐姿势。文中讲的"双手结定印"，一般左手在下，右手在上。（如图所示）

眼睛半闭半合
舌尖轻抵上颚
下颚轻微内收
肩膀稍微张开
脊椎直而不僵
手势手结定印
坐姿双腿盘坐

影响。上页注解的图中，是禅修中最常见的坐姿，如果你希望学习，可以参考。再强调一遍，练习觉察必需的姿势只有一点：脊背自然挺直。

○ **方法**

准备好之后，可以开始正式练习：尽量让自己看见每一个念头。看见每一个念头，告诉自己"知道"。听见的声音，身体的感觉，出现的想法，都是念头，知道就好。例如：

> 想起女儿，知道。
> 正在静坐，知道。
> 听到有人咳嗽，知道。
> 脚有点痒，知道。
> 没发现念头，知道。
> 儿子还没起床，一会儿要迟到了，他总是这样，习惯不好，知道。

上面例子中的几句话，代表了不同的情况。想起女儿，是头脑中出现的想法，知道就好；正在静坐，是知道目前的状态，知道就好；听到咳嗽，是声音，知道就好；脚有点痒，是身体感觉，知道就好；没发现念头，也没关系，知道就好；儿子起床以及接下来的想法，这是被念头带走了，知道就好，知道了，就回来了。

其间有任何想法，都不要跟随，只是知道。想起门没关，不要起身去关门，这是个念头，知道就好；有人打电话过来，不要接，这是个念头，知道就好；厨房饭煮好了没有，也不用去查看，这是个念头，知道就好；脚有些痒，不要去挠，这是个念头，知道就好。就这样，一直保持这种方式，持续看着念头，告诉自己"知道"。

静坐觉察的原则：尽量看见每一个念头，及时看见，不判断，不跟随。

○ **口诀**

以上的方法总结成三句话：**知道有念，知道无念，知道就好。**[1]
如果再提炼一下："知道"。知道此刻的正在发生，一切都只是知
道，不评判，不跟随。

看见某个念头，知道；没看见念头，知道；被带走了，知道。
不用做别的事，知道就好。特别是被某个念头带走，意识到时，已
经走了很远，也没关系，告诉自己"知道"，回到当下，继续观念
头。不要懊悔，不要自责，不要沮丧，这些想法，又是新的念头，
变成了继续被带走。

一旦出现某个念头，某个想法，我们告诉自己"知道"，这个
念头就会消失，这个想法也就不存在了。其原理也很简单，头脑
就像一个单CPU[2]的芯片，每一刻只会有一个念头，当我们告诉自己
"知道"时，"知道"这个念头，就把之前的念头打断了。

○ **原理**

出现某个念头和想法之前，人需要接受某些信息。接受信息的
途径有六个：眼、耳、鼻、舌、身、意，这称为六根。之前对环境
的要求，对姿势的要求，可以把"眼、耳、鼻、舌、身"五大途径
尽可能屏蔽，只留下"意"。

此时的"意"会异常活跃，念头会很明显，方便你看清楚。看
见一个念头，知道，下一个念头出现，继续看见，知道。用这个方
式，看见一个接一个的念头。只是看着念头，知道这是个念头，仅
此而已，不要附加任何东西，不评判，不跟随。就像你坐在某个咖

---

1 这个口诀，简单明了，是泰山禅院丁愚仁老师所教。

2 中央处理器（Central Processing Unit，简称CPU）作为计算机系统的运算和控
制核心，是信息处理、程序运行的最终执行单元。

啡店，看着玻璃窗外的人来人往、车来车往。你不关心他们是谁，也不评判他们的美丑，只是知道他们来了，路过了，又消失了。

长期这么训练，会让你习惯看见平时生起的念头，在情绪生起之时，也能及时看见。若能及时看见念头，就可以选择不被其带走，自然也就不会被情绪所控制。反之，若不能及时看见，就会随着念头流转，也就成了情绪的奴隶。

这个方法，在禅修中叫"观"。也是《心经》的第一个字，"观自在"的"观"。

这个方法，也是"止"。当看见念头，不再跟随，之前的念头也自然停止。就如你在大街上看见有人在吵架，好奇想去看个究竟。此时，你看见自己想看八卦的想法，不再跟随，这个想法自然就停止了。

循序渐进

掌握了这个方法后，基本要求是早晚各十分钟静坐觉察。每天起床后练习十分钟，每天睡觉前再静坐十分钟。如果早起太困，可以穿戴整齐，洗漱完毕后，再静坐十分钟。每次静坐完了，打卡做记录，先坚持一个星期。记录格式如下：

脚有点痒，知道。

呼吸，知道。

闹钟快响了吧？一会儿别迟到了，还要吃饭，每次都是我做饭。知道。

刚才被带跑了，知道。

女儿今天……知道。

不用特地回忆发生了什么，想起什么就记录什么，忘记了就忘记了。其间被带走也没关系，看见时知道就好。

随着自己对觉察的熟悉，可以逐步加长静坐时间，加长到早晚二十分钟、半个小时。坚持一个星期，打卡记录。可以增加静坐的次数，上午中午下午，只要有空，都可以静坐练习。在办公室也可以，就坐在凳子上，几分钟十几分钟，都可以。其间尽量让身体不要动，痒了不要挠，知道就好；听到声音，知道就好；腿疼不要动，知道就好。如果真的一直有某种感觉困扰，可以处理一下继续开始。其原则就是尽量让自己不跟随。所有的动作，都是念头的跟随。

当你有了基础，体会到了静坐的好处，可以继续增加时间，如早晚一个小时。可以只是打卡，不用记录了。打卡，是让你自己可以监督自己，用工具来帮助自己克服惰性。

不要觉得这是浪费时间，你平时浪费在闲聊、刷视频、追剧、玩游戏的时间，比这个要多得多。更何况，这一个小时，可以让你静心，能增强专注力，能增长智慧。

"自我"有自我防护的意识，一旦"自我"被威胁，就会找各种理由保护自己。当你被批评，你第一反应是解释、反驳或愤怒；当你遇到可能有损自己利益的事情，第一反应是排斥、拒绝。"自我"，想要证明自己存在，必须有事可做，任何时候，必须做点什么。对大多数人来说，最难的是什么都不做。因此，你没事时要么刷手机，要么看电视，实在不行就打电话给朋友，约出去玩，反正就是无法一个人什么都不做。

觉察，要求不跟随，要求什么都不做，是一种削弱"自我"的方法。此时，"自我"会自我保护。"自我"可能会告诉你：这样做有啥用？傻不傻啊？那个蓝狮子没什么水平，就是个大忽悠，别信……要看见"自我"的小把戏。

当你逐步熟练了觉察，还可以随机静坐觉察，就是任何时候，你想起来了，就可以练习静坐觉察。在办公室，在车上，随时随地都可以练习。一分钟、几分钟、十几分钟都可以。随机静坐觉察的要求也是一样：尽量看见念头，不评判，不跟随。

练习觉察，一开始，不要纠结姿势，更不要特地训练姿势。有人一开始花了一个月练习双盘，这不是我们倡导的。重点要放在"看见念头"这个能力上。可以只是端正坐在椅子上，微闭双眼，然后开始观念头。

等自己掌握了这个方法，想延长静坐时间，再开始有意识地训练自己的姿势。最推荐的姿势就是之前图片所讲的"七支法"。这是经过几千年沉淀下来的方法（在佛陀之前的修行人，也是这种姿势静坐的），非常适合长时间静坐修行。不用着急，静坐可以是一辈子的事情，姿势可以慢慢调整，慢慢越来越标准。

当你更熟练了，且对觉察越来越有信心，你可以尝试闭关专修。如果你是独居，你找个周末，两天时间，除了吃饭上厕所，可以一直练习静坐觉察。不分日夜，饿了就吃，困了就睡，醒了就观念头。如果你家里人太多，你可以选择去某个农庄住两天，专门练习觉察。其间遇到任何现象都不要紧，当成念头，知道就好！

觉察的过程和境界

练习静坐觉察，一开始会发现念头很多，经常会被念头带走。这很正常，及时看见，继续练习就好。熟练掌握方法后，念头再多都不是问题。就算错过几个念头没有及时看见，也根本不是问题，知道，继续就好。

当你发现自己被念头带走，而且被带走很远才知道。不要自

责、沮丧，这刚好说明你走上了正确的道路。**当你知道自己被念头带走，知道的这一刻，你就已经回来了。**有多少次被带走，就有多少次回来。你错了多少次，你就对了多少次。错的次数越多，对的次数也越多。你知道自己被带走了一千次，也意味着，你有一千次看见了念头，这就是一千次成功。

当我们能及时看见念头，及时知道，念头可能会逐渐减少，这也是正常现象。知道就好。偶尔发现没有念头，也只是知道，不要刻意寻找，寻找本身，也是个念头。记住口诀：知道有念，知道无念，知道就好。

静坐过程中，若每次能及时看见念头，念头可能会出现得越来越快，也只是知道就好。尽量做到念头一出现就知道，甚至不关注念头的内容，就已经知道。念头念头，念之头，要看到念之头。就像神枪手一样，远处的靶子刚一冒头，不用等它完全出现，就已经开枪。

静坐过程中，可能会想起某件有意思的事，或者曾经困扰自己的难题忽然有了答案，或者有新的灵感，或者对装修房子有了好创意等，不要兴奋，也不要中断静坐，这都只是念头，知道就好。这些都是诱惑，不要被其影响。也不用担心忘记了，不会忘记的，这些本身就是智慧光芒的闪现。

静坐过程中，还可能会出现各种幻象。类似觉得身体有一股能量涌出，或者看见某个菩萨在天空跟自己说话，或者忽然很感动泪流满面，或者看见很多熟悉又陌生的画面，遇到这些也不用奇怪，都当成念头，知道就好。不要跟随，不用评判，这不算好事，也不是坏事。知道就好，不要被带走。

静坐过程中，可能会感觉身体全部消失，空空荡荡，明明了了，自己能神游到想去的任何地方，不要恐惧，也不要奇怪，这只是个念头，知道就好。不要兴奋，不要跟随。无论发生了什么，告诉自己，这是个念头，知道就好。

静坐过程中，可能会觉得自己感觉特别敏锐，以前听不见的声音，都能听到，不用惊讶，这也只是个念头，知道就好。不要兴奋，不要跟随。无论发生了什么，告诉自己，这是个念头，知道就好。

静坐过程中，可能会出现某些特殊景象，有鬼怪要吃掉自己，或者一切都消失了，或者处于无边的黑暗，你可能会升起恐惧。要看见自己的恐惧，不要跟随，知道就好，一切都只是念头，恐惧也只是念头。不用担心这样自己忽然就死了怎么办，不会的。我听说过工作劳累过度猝死的，但没有听说过观念头忽然死掉的。不用中断，只是看见，只是知道，继续观念头就好。

部分人可能会经历的情况是：一开始念头像瀑布，急促又连续，很难及时分辨；之后念头像河流，流动变得缓慢，但还是有很多；最后会像湖面，基本平静，偶尔几个念头，也清晰可见。不过，这并非我们追求的目标。观念头，没有目标，或者说，不要设置任何目标，只是"观"。出现的任何情况，都只是知道。

上述情况，练习久了有可能会出现一二，一开始不用在意这些。一开始练习，能看见念头就可以，或者被带走后，能回来就可以。

静坐过程中，想到任何人和事，出现任何状况，都只是个念头，知道就好。想到孩子，孩子只是个念头；想到别人对自己的伤害，伤害只是个念头；想到过去的种种不幸，不幸只是个念头……把一切都当成念头，自己的身体，也只是个念头，这个世界，也只是个念头，一切都只是念头！知道就好。

当你练习久了，静坐过程中，觉察的第四个层次可能会发生。发生，就让它发生，不要过度兴奋，不要恐惧，不要质疑，不要害怕错过，更不要期待再次发生。

如果坚持正确练习静坐觉察，会有机会体验到"空性"，领悟《心经》中说的"不生不灭、不垢不净、不增不减"，但更多人，可能只是平常的体验。**静坐的目的，就是静坐本身。让一切自己发生，你只是看着：知道就好。**无论是"空性"还是"平常"，都是正常的。你的每一次真正的"观念头"，本身就是体验，和"存在"融为一体的体验。就像大地看着万物生灭，就像天空看着云卷云舒。

练习即道

觉察，是知道此刻的正在发生。觉察，不评判，不跟随。

但我知道，你不可能不评判，因为评判是头脑存在的方式。没有逻辑，头脑是无法接受的。因此，当你练习静坐觉察时，头脑会冒出很多念头：

我这个姿势对不对？

如何才能让"发生"发生？如何才能体验空性？

自己好像做得不好，我这方面能力一向很差。

某某同学说他静坐效果很好我为何总达不到？

昨天好像有一点点感觉，但很快就消失了。

这个方法对我没用，好像是没什么用。

……

我只是简单举了些例子，还会有无数的想法出现。头脑习惯这样。那些想法有的有道理，有的没道理，但这都不重要。重要的是，你要看见这些想法，不用关注其内容。

你一旦关注内容，就可能会被内容带走。头脑喜欢逻辑，喜欢分辨对错，喜欢喋喋不休。这就是头脑[1]存在的方式。修行，就是让头脑安静下来。

如何让头脑安静下来？还记得那杯浑浊的水吗？老子云：孰能浊以止，静之徐清。当你什么都不做，头脑就安静下来了。就像一匹脱缰的野马，在草原上狂奔，如果你追赶它，想拉住缰绳让它停下，它会跑得更快。而当你什么都不做，野马自己会停下来。静坐觉察，就是让你什么都不做。

当你安静地坐着，什么都不做。知道此刻的正在发生，只是知道，什么都不做。此刻，你和存在是一体的，你就是存在本身。

20世纪美国最伟大的诗人沃尔特·惠特曼写过这样一首诗：

我按自己的方式生存，这足够了
即使世上没人理解我，我安然而坐
即使世上没人不理解我，我安然而坐
有一个世界是理解我的，对于我它是最大的世界，那就是我自己
无论我是在今天，还是在千百万年之后，来到我自己身边
今天我能愉快地接受它，也能同样愉快地等待它

——沃尔特·惠特曼《自己之歌》[2]

你可以试着体会静坐觉察的美好，就像惠特曼那样，只是安然而坐，这就足够了。

练习觉察的目的，就是练习觉察本身。不要被头脑欺骗，不

---

1 这里用"头脑"，也只是借人的身体来说明而已，所谓的头脑，也就是自我的模式。

2 摘自《草叶集：惠特曼诞辰200周年纪念版诗全集》，沃尔特·惠特曼著，邹仲之译。

是要去某个地方，不是要获得某些觉受，不是要获得某个成就，就只是练习。当你觉得状态不好，练习觉察。因为练习觉察本身，就是好的状态。那一刻，是最完美的状态。什么是道？练习本身就是道。

如何才算降伏自心？降伏心的过程，就是降伏心的结果。

如何才是达到彼岸？踏向彼岸的每一步，都是彼岸本身。

练习觉察的目的是什么？练习觉察的目的，就是练习觉察本身。

我翻来覆去讲这几句话，就是希望你能真的明白。不要只是觉得文字好像显得高深，适合发朋友圈，而是要真的体会其中的意思。没什么高深的，因为当你只是练习，当你回到当下，当你只是知道此刻的正在发生，你就是觉察，你就是彼岸，你就是存在。

不要小看静坐觉察练习，不要把它当成一个普通的工具，不要把它当成一个要完成的任务，而要当成一种美好，当成一种回归，当成生命的一部分。它是一个连接，和存在的连接；它是一座桥梁，通向真理的桥梁。

你或许还不明白我在说什么，没关系，我只是告诉你，要重视静坐觉察练习，试着找到其中的乐趣，然后坚持下去。头脑会告诉你，坚持下去需要一个理由。我不希望你的理由是：这么练习可以让我控制情绪，或者听说别人这么练习获得了很多好处，或者这么练习可以让我内心平静等。我不希望是这样的理由，有这些目的，就会有期望，有期望就会有障碍，有障碍就会有失败，有失败就会有失望，有失望就会放弃。我希望你的理由是：没什么理由，我就是想练习，每天从十分钟开始，就这样，这就是我的生活方式。是的，把修行当成一种生活方式，而练习觉察就是这种方式的表现形式。不只是静坐觉察，还要把觉察融入生活中。当你带着觉察生活，你会发现生活开始变得精彩，世界开始变得不同。

一点疑问[1]

座上修时，把一切都当成念头。

是的，都只是念头，一切都只是念头。

有什么不是念头呢？父母是念头吗？若没有念头，父母这个标签根本不会形成，若没有念头，你根本不知道父母。因为知道，也是念头。

如果一切都是念头，那我又是谁？谁在观？在观谁？观是不是念头？多好的问题啊。试着问问自己这些问题，答案就在问题之中。

当你观念头到达一定深度后，念头越来越少，甚至连念头也没有了。如果一切都是念头，但连念头都没有了，还剩下什么？那个"没有"是什么？当你思考这些，这本身又是念头，那这个念头从哪里来？老子说：万物生于有，有生于无。"无"到底是什么？什么是那个"不生不灭"？谁才会"不垢不净、不增不减"？

当念头出现，知道有念。当念头不出现，知道无念。念头都没有，你又是如何知道的呢？谁在知道？到底"我是谁？"

观念头观念头，念头的本质是什么？念头从哪里来？又消失于哪里？念头与念头之间，是什么？对，念头之间什么都没有。但那个"什么都没有"又是什么？

我们平时和人说话，关注的是声音。声音出现时，听见声音，那声音的背景是什么？每个音节之间的间隙是什么？对的，声音的背景，是没有声音。音节之间的间隙，也是什么都没有。

我们平时看书，关注的是文字，很少会关注纸张本身。一张画

---

1 这一小节，提出了很多问题，读不懂没有关系，略过就好。等修行到一段时间，再重复读这一小节，试着回答其中的问题。

了圆圈的白纸，我们习惯关注那个圆圈，而会自动忽略白纸本身。

我们习惯看见"有"，不习惯看见"没有"。观念头，让你看见念头，也要看见没有念头；让你注意声音，也要注意声音的背景；让你看文字，还要看见文字背后的纸张。

观念头，让你注意到那个"没有"。无论大海有多少波浪，背后的大海是如如不动的。无论天空有多少云朵，背后的天空是如如不动的。

观念头，是让你习惯"观"。那个"观"，是"观自在菩萨"的"观"。无论念头有多少，无论念头如何变化，那个"观"，一直存在，没有生灭。就像一个七岁的小孩知道那是黄河，等他七十七岁了，仍然知道那是黄河。七十年过去了，黄河奔流不息，变幻万千，但那个小孩和那个老人的"知道"，却没有变，不来也不去，不增也不减。

练习静坐觉察，可以让你体会到：**真正的自己，就是那个"观"，就是那个"知"，就是那个"道"，也就是那个"没有"。当你有这个体悟时，很多执着，瞬间瓦解，自然脱落。**就算还有不少习气存在，你会一眼看穿"自我"的小把戏，不会受其影响。这也是一种"发生"。

忠告

练习静坐觉察，始终要明确，静坐的核心是观念头，不用关注其他。提出几点忠告，供初学者参考。

1. 并非练习身体

有人为了让自己姿势标准一点，静坐时，非要坚持单盘或双盘，腿麻了也还在坚持。这完全没有必要。并非单盘或双盘不好，但我们不是来练腿的。并非双盘一动不动坐一个小时，就说明很厉害。如果这样算厉害，路边的大石头最厉害了，它好多年都一动不动。我们练习觉察，是为了降伏其心，而非降伏其腿，要在心上下功夫。如果想练习双盘，可以单独找时间练习。

2. 注重本质，而非时间

静坐练习觉察，要尽量看见所有的念头，要及时，不被带走。这是基本的原则。如果一直任由自己被念头带走，甚至主动用静坐的时间来思考某些问题，哪怕时间再长，对修行也没帮助。念头很散乱地一动不动静坐一个小时，还不如认认真真观念头几分钟。

3. 不自作主张

有人因为学习过其他禅修的方法，类似观呼吸、数息、持咒、观想、念佛号等，总希望能把这些方法结合到一起。这样不好。口诀很简单，方法也不难，直接照做就是。不要一边静坐一边持咒，或者念阿弥陀佛什么的，这不会有好处。不是说其他方法不好，而是不要自创方法，老实一点，不要太"聪明"。等你真正掌握了觉察，你会发现可以用觉察来配合其他方法。例如：念佛号时，你保持觉察，出现其他念头及时看见，继续念佛号。

4. 不自我欺骗

静坐练习觉察的过程，需要看见念头。所有的念头一旦"看见"，就会消失。不要实际上被念头带跑了，还要以为自己是看见了。例如：明天要开会，知道；开会要准备好材料，知道；那些材料好麻烦啊，知道；每次开会都搞这种形式主义，知道……这些情况，明明就是念头随着开会这件事一直在延续，但强行在其中加了几个"知道"，这就属于自我欺骗。

5. 不要有期待

静坐练习觉察，有人会有某些特殊感觉，或者出现某个境界，这些都是正常现象。没有出现某些特殊感觉，也是正常现象。不要心生期待。该发生的自然会发生。当有了期待，期待本身就是念头，而且会成为某些事情发生的障碍。

6. 不自以为是

练习觉察一段时间，很容易就能掌握觉察的方法，此时更要持续练习，给自己提更高的要求：如更及时看见念头，增加静坐时间等。不要觉得自己已经会了，就不用练习了。静坐练习觉察，练习得越娴熟，觉察会越敏锐，在生活中应用也能越及时。要始终保持一个初学者的心。

7. 不盲修瞎练

了解了觉察，可以自己尝试练习，完全可以自己做静坐觉察练习。如果出现一些状况，例如身体有某些反应，或者总是看见某些幻象，"只是知道"的方式也应付不了。你可以停下来，找个可以指导你的老师。不要想当然认为这是自己达到某个境界，或者以为自己开悟了。不是的，遇到那种情况，可能的结论是：你走偏了。修行不能盲修瞎练，需要有老师指导。当然，这也可能只是一些普通觉受，并不一定是坏事。但这需要有过来人给予指导。

8. 不追求觉受

静坐观念头，时间长了，可能会出现觉受，感觉自己不在了，感觉房间充满了能量，甚至感觉自己可以神游天外，此时最好找老师咨询。更多的情况是，没有这种觉受，没有任何特殊的觉受。两者都不是问题，有觉受挺好，没有觉受也挺好，不要兴奋，不要期待，发生的就让它们发生，没发生的就让它们没发生。不要追求某种觉受，有觉受也只是个念头。修行，是求智慧，而不是求觉受。若求觉受，喝酒、吸毒也能带来很多类似的觉受。没有智慧，一切都是妄谈。

9. 老实听话照做

我反复强调：修行需要老实听话。不需知道观念头有什么用，不需知道为什么要及早看见念头，不需深究口诀的原理是什么。也并非一定要搞明白"身体到底是不是个念头""世界是不是个念头"，只需要去做就好。这些疑问，本身也只是个念头，看见就好。一个念头需要什么答案呢？

问与答

1. 看见念头，知道就好，假如身边的亲人刚刚去世，这件事正在真实发生，当下这个也是念头吗？

答：知道有念，知道无念，知道就好。这是用于座上修观念头时的口诀。这种训练方式，可以让你及时看见念头，及时提起觉察。如果你对"一切都是念头"理解还不够，在日常生活中，你不用以此来看待事物。但从某种程度上讲，亲人离世，本身也是个念头。《金刚经》有云：凡所有相，皆为虚妄。
亲人刚刚去世，提起觉察，你可以让悲伤继续，也可以让悲伤随时停止。你可以做到悲而不痛，哀而不伤。

2. 有想象才会有行动，看见念头，知道就好。所有都是念头，那平时该如何生活呢？生活好像也没什么意义了。

答：看见念头，知道就好，这是座上修的口诀。你平时该如何生活，还是如何生活，觉察不会对你有任何影响。还记得那个带小孩散步的妈妈吗？小孩自己玩耍，妈妈只是看着，并不会影响他。但在需要的时候，又能随时打断他。

练习觉察，当你能看见念头，你会有足够的警觉，在工作和生活时回到当下，不被妄念带走，不被境转。你会发现，看上去你做事不紧不慢，但你的效率比以前高了很多。

当你修行到一定程度，你确实会发现现在追求的很多东西，都失去了原本的意义。生活的意义，需要每个人自己去寻找，不断地否定，又不断寻找。

3. 早上静坐眼睛闭完就有种想睡觉的昏昏沉沉的感觉，微闭又做不到，怎么办？

答：如果静坐时想睡觉，那就先睡一觉再静坐，不用勉强。眼睛微闭还是全闭，也没关系，只要不让眼睛看见的景物对自己造成干扰就好。静坐是帮助练习"观念头"，姿势是次要的，观念头才是主旨。如果对静坐有障碍，完全可以用普通姿势自然坐在凳子上练习"观念头"。

当你在静坐时，有昏沉的感觉，想睡觉，这本身也是个念头。看见那个"感觉"，知道就好。不要让自己真的睡着了。

4. 静坐一开始几分钟，容易念头纷飞，需要过好久才能静下来，有什么办法吗？

答：遇到这种状态，很正常。能看见念头纷飞，本身也是看见念头，按照正常的方法去做就可以。

另外，你还可以在一开始，主动把觉知放在身体的某些部位，例如把觉知放在腿上、脚上、手上、腹部等，轮转一圈，再开始观念头。

静坐觉察时，眼睛不要全闭，而是稍微睁开一条缝，这样也可以减少念头。

5. 静坐时，总感觉身体会前倾，或者感觉背驼了，该怎么办？

答：静坐的核心是观念头，不用纠结姿势。身体前倾和驼背，都不是问题。如果持续影响你观念头，调整一下就好，不用挂碍。

6. 静坐的时候，经常会身体往前或是往后倒，有时候幅度比较大的时候就会惊醒。这种不受控制的倒的动作，是念头还是发生呢？

答：静坐的时候，把一切都当成念头。知道就好。不用纠结是什么。就算看见了菩萨，也是念头，知道就好。这就是原则。
你可能以为，一个动作不是念头，一个想法才是念头。不是的，你能知道一个动作发生，这件事本身就是个念头。就像你听到一个声音，这件事也是个念头。至于那个动作是否发生了，那个声音是否真的存在，和你练习观念头没有关系，不用管。

思考
**　与**
练习

1. 你觉得每天静坐练习观念头有什么用？
2. 座上修最重要的是什么？
3. 按照书中的方法，坚持每天早晚十分钟的静坐练习，并做好记录。坚持一个月。
4. 你觉得在生活中修行，最重要的是什么？

第五章
用觉察对治情绪

古人学问无遗力，少壮工夫老始成。

纸上得来终觉浅，绝知此事要躬行。

——陆游《冬夜读书示子聿》

觉察，是在生活中修行的基础，也是修行入门的关键。如果不懂觉察，谈在生活中修行很难。

从短期看，练习觉察可以看见自己的习气，对治情绪，让自己不被负面情绪困扰；从中期看，练习觉察有助于放下执着，让生活更加自在；从长期看，练习觉察能让人觉醒，体悟空性，达到真正解脱。真实不虚。

情绪分为负面情绪和正面情绪。喜悦、快乐、幸福、惬意等属于正面情绪，这些不会太影响我们的日常生活，可以"暂时"不用理会。愤怒、焦虑、沮丧、悲伤、恐惧等属于负面情绪，我们常会被它们困扰。本章提到的"情绪"，主要指"负面情绪"。

情绪的本质

情绪的产生，源自"习气"与"业力"。这么讲过于笼统，且无法验证，我们换一种说法。所有情绪的出现，都意味着我们存在某种执着。我以前写过一篇文章《在嗔恨中修行》，文章提到愤怒的出现，意味着有人阻碍了你的某个欲望。

孩子考试考砸了，你很生气，意味着你有执着：你只能接受优秀的孩子。

失恋了，你很悲伤，意味着你有执着：你期待爱情天长地久。

同事晋升了，你很嫉妒，意味着你有执着：你很在乎职位高低。

丈夫抽烟，劝了多次不听，你很生气，意味着你有执着：你期望改变他。

得知好朋友说自己坏话，你失望又愤怒，意味着你有执着：你太在乎友情，在乎他人对自己的评价。

以上的执着点，只是我假设的，遇到同样的事情产生同样的情绪，不同的人执着点可能会不一样。

再看几个例子。

如果你很喜欢歌星周深，谁要是在你面前说周深的缺点，你听了会很生气，但我听了，就会无所谓。

走道里有人随手丢了垃圾，我每次看见，都会心中不快，但宗翎老师看见，却视若无睹。

女儿都满十岁了，房间里乱七八糟的，你每次看到都很不高兴，要教育女儿几句，但她爸爸却觉得无所谓。

看，同样一件事，不同的人遇到，因为执着点不一样，反应就不一样。

情绪出现的过程，大概是这样的：遇到某个对境，触发自己的执着点，情绪出现。从本质上讲，情绪，只是一连串的念头，一个念头接一个念头。人之所以会爆发情绪，是被念头带走。也就是此刻成了念头的奴隶，成了情绪的奴隶。如果你能成为念头的主人，也就成了情绪的主人。

佛陀说：没有一个情绪无法根除，因为情绪只不过是念头，而念头如同在虚空飘移的风，空无一物。

念头的出现，几乎是没有规律的，情绪的出现也类似。有时你会莫名其妙地伤感，有时又会莫名其妙地心情不错，有时旁人的一个眼神，就让你很生气，有时他人的一个微笑，又让你很开心。每次情绪出现，头脑会去找个理由："哦，我今天很开心，因为天气很好"，"我今天不高兴，因为路上太堵车了"。这些理由看上去合理，但实际上很荒谬。上次天气很好，你为何不高兴？上次堵车了，你为何还在唱歌？！

面对情绪，最好的方式不是通过逻辑解决它，不是分析谁对谁错，不是讲道理。如果分析对错有用，怎么还会有人吵架？之所以吵架，就是因为双方都认为自己是对的。如果讲道理有用，为何还有那么多人抑郁？很多抑郁症患者，懂的道理比谁都多。

面对情绪，真正的解决途径，是成为情绪的主人。用觉察对治情绪，就是教你如何成为情绪的主人。

情绪对治过程

情绪的本质是念头，只要能看见念头，此刻，念头会消失。因此，**对治情绪的第一步：及时"看见"情绪**。看见情绪的升起，看见念头的出现。

当你进屋的那一刻，儿子又在偷偷玩游戏，被你逮个正着，你顿时火冒三丈。就是这一刻，你要看见自己的"火冒三丈"；当你婆婆在唠叨，含沙射影你的缺点时，你心生怨气。就是这一刻，你要看见自己的"心生怨气"。你知道你即将要出现的情绪，就是"看见"。

有时，我们没能及时看见情绪的念头，被情绪带走了，陷入了愤怒、悲伤等，也不要紧，只要接下来能"知道自己在愤怒""知道自己在悲伤"就可以，在你知道的这一刻，也是"看见"，只是晚了一点。原则是：尽早看见情绪的念头，越早越好。

看见情绪的念头的这一刻，念头会消失，情绪会减弱。但很多时候，因为我们习气太重，执着太深，或者对境很特殊，就算看见了"情绪的念头"，下一刻情绪还会出现，甚至爆发。如果能及时"看见"念头，念头被打断，此刻，情绪会暂时消失。若能把握好这个时刻，就可能完全对治情绪。因此，看见情绪之后的步骤，也很关键。

对治情绪的第二步："盯住"情绪。

情绪出现，你觉察到情绪的念头，然后一直"盯住情绪"，盯住自己的愤怒，盯住自己的悲伤，盯住自己的焦虑，直到它们减弱，甚至消失。一直盯着情绪，情绪就会减弱，甚至消失。就是这么神奇！

情绪本身具备能量，情绪的持续和爆发也需要"自我"给它能量。你若与人吵架，会想起对方诸多不对之处，随后越来越生气，这就是在给情绪补充能量；你若陷入悲伤，会想起过去很多让自己悲伤的事，随后越来越悲伤，甚至绝望自残，这就是在给情绪补充能量。如果你能"盯住"情绪，不被情绪念头带走，不让相关念头出现，情绪无法补充能量，自然也会慢慢消失。

此时，**不要陷入事情对错分析，不要被对境带走。不要担心未来会如何，不要想起过去如何。**一旦出现对过去和未来的念头，说明还是被带走了。例如："如果我不这么做，他以后还会这样，这次要给他个教训。"又或者，"他以前一直这样，好多次了，太过分了！"这些都是被对境带走了。这就叫愚者被境转！虽然你看见了情绪，但还是继续被对境带走了。

意识到自己被带走，赶紧停下，继续盯住情绪。所谓的盯住，就是一直知道自己的所有状态。就像座上修时，念头来了，知道！只是知道！后面会介绍如何"盯住"。

当情绪得到暂时的缓解，接下来进行**对治情绪的第三步："挖"情绪背后的执着点**[1]。

每个情绪背后都有执着点。如果能看见这个执着点，至少在当下这一刻，我们能彻底化解情绪。听见有人打趣我刚理的新发型，我很生气。我看见了这个"生气"，一直"盯着生气"，情绪消失，我挖自己的执着点：我太在意外表，很在意别人的评价。当我看见这个执着点，情绪会减弱很多。问题不在他人身上，而在自己身上，怎么还会生气？就像别人推了你，导致你摔了一跤，你会很生气，但如果你自己不小心滑倒了，只会觉得有点尴尬，怎么好意思生气？

当然，有时挖到执着点，也不一定能放下执着，类似"我之所以生气，是因为太在意孩子的成绩""我太在意自己的身体"等，类似这种执着，并非短期能放下，本书后面章节会讲解如何放下执着。

情绪的产生，可以帮助我们发现自己原本不知道的执着。我们执着家人、执着工作、执着名声、执着美貌、执着权力、执着健康，这些执着本身就是束缚，放下执着就是解开束缚。**我们并非要放下一切，而是要放下对一切的执着。**看见自己的情绪，挖自己的执着点，然后放下执着，智慧自然就增长了。正所谓：烦恼即菩提。

如果不能找到情绪背后的执着点，第二次遇到类似的场景，依然会产生情绪。

你打开女儿的房门，发现房间里乱七八糟，你很生气，但你及时看见了情绪，没让情绪爆发出来，平静地提醒女儿要收拾好房间。等你第二次又看见她房间里乱七八糟时，你再也受不了了，

1　"挖"这个词，由"必经之路"少堂主提供，她说"挖"比"找"更形象。是啊，在觉察的花园里，挖呀挖呀挖！

终于爆发了："说了多少次，都上初中了，收拾个房间有那么难吗！"你生气，女儿也难受，可能一场吵架就出现了。

若你能看见情绪背后的执着点，情况可能就不一样。

你打开女儿的房门，发现房间里乱七八糟，你很生气，但你及时看见了情绪，盯住情绪，挖执着点：原来我一直想改变女儿，希望她按照我要求的方式生活。第二次又遇到类似的事情，你情绪又起来了，此时，看见情绪背后的执着点，你会摇头苦笑：原来我的执着这么深啊，真是习气太重。

为何挖出"执着点"，下次就不容易产生情绪？因为情绪都是由"执着"引起的，此外还隐藏了个小诡计：当你去寻找自己的执着点，这就是向内求，是找自己的问题，而不是找对方的问题。哪怕你没找到真正的执着点，你也不会埋怨对方。当你认为是自己的问题时，只会觉得不好意思，觉得有些羞愧，怎么会发脾气呢？

当你看见自己的执着，本身也会减弱执着。

有时我们无法瞬间挖到背后的执着点，也没关系，可以等事情过去以后，再来分析，继续反思。这种反思并非"反省"，反省，是自己情绪爆发了，事后懊悔，然后找出自己哪里做错了。但我们事后反思执着点，只是研究自己的情绪。

对治情绪的最后一步：改变行为。

正常情绪的爆发，会有随之而来的行为。就像生气会带来呵斥、咆哮，焦虑会带来烦躁、坐立不安。而改变行为，是看见情绪出现，对治情绪后，采用与以前不一样的行为。

看一个生活中的例子。

听见婆婆在抱怨自己收拾厨房不干净，你内心不舒服，以前习惯性的"行为"是，和她顶嘴，吵起来："你们每天都等着我伺候！我每天上班这么辛苦，下班还要做饭，一点没搞干净，还要被你数落！还有没有天理！"

如果用觉察对治情绪，将会是这样的。听见婆婆在抱怨自己收拾厨房不干净，你内心不舒服，生气，你及时看见自己的"生气"，"盯住生气"，情绪得到缓解，然后看见情绪背后的执着：不接受别人提自己的意见，还找理由来辩解。好像是的，自己工作上也是如此。此时，你赶紧进厨房，对婆婆说："您提醒得对，我重新收拾一下。"

这就是改变行为。一场原本会燃起的战火，化解于瞬间。

有时你看到了情绪，也挖到了执着点，但仍然不想改变行为，继续让情绪爆发："我知道这是我的执着点，知道自己在愤怒，但我就是要发火，要给他一个教训！这是为他好，否则他不长记性，下次还是玩游戏，这么下去，就彻底废了……"

这是"自我"的狡猾之处。"自我"会用你学到的方法来对付你，包括修行方法。你看上去是在为对方好，实际还是被情绪带走了，只是找了个借口。这是没有"盯住情绪"。所有陷在情绪之中的人，都是愚蠢的，没有例外。有个原则：**先处理情绪，再处理事情。对自己是如此，对他人也是如此。**想让情绪之中的人理性解决问题，根本不可能。就像小孩子又哭又闹，你跟他讲道理，不会起任何作用，先哄一哄，哄好了，再讲道理才可能会有用。

所有不改变行为的情绪对治，都算失败。

当你看见自己的习气和模式，不再被其控制，不随其流转，这本身就是修行。改变行为，本身就是在改变习气。

总结一下，**对治情绪的四步：一、情绪出现，及时看到"情绪的念头"；二、盯住情绪，直到情绪减弱或消失；三、挖情绪背后的执着点；四、改变行为。这就是【看盯挖改】。**

这四步，看上去好像很复杂，实际在生活中，往往是一瞬间的事。遇到对境，情绪出现，提起觉察，挖执着点，改变行为。整个过程瞬间完成，或许不到一秒。但在一开始，需要明确知道这些过程，学会分解，一步一步实验，让自己熟练起来。

所谓四步的过程，只是方便初学者对照练习，等你熟练到一定程度，过程可以完全忽略。而且这四步，并不一定那么明显，有时在一瞬间所有过程都会完成，有时并不需要四个过程都具备。但在一开始，要尽量刻意练习，把这四个步骤做到位，特别是最后的"改"。

【看盯挖改】，可以有多种组合。【看挖改】，情绪看一眼就消失，不用盯；【看盯改挖】，看见情绪、盯住情绪、改变行为、挖执着点这件事，可以事后进行；【看改】，看见情绪，直接改变行为。

看几个例子：

我被拉到一个工作群，看见公司总经理也在，瞬间很紧张。看见自己的紧张。【看】

感觉全身的肌肉有点绷紧的感觉，包括腹部，把觉知放在腹部，很快放松下来。【盯】

自己有这种自然反应模式，遇到公司领导就很紧张。好像是个习惯，也没有特别害怕的事。【挖】

提醒自己，以后不要紧张，不要有不必要的恐惧。【改】

这个过程整体还好，但最后的改，J同学没有实际的行动，并不算彻底。如果最后一步改成主动在群里发消息：张总好，同事们好！初来乍到，多多包涵！【改】

这就属于刻意练习，这是有必要的。本来不用发消息，但为了让自己这种习气得到减弱，选择主动发消息。

当你能看见情绪，大部分情绪，自然就消失了，不用"盯住"，甚至也不需要挖执着点，你的行为自然就改变了。回顾本书开头Y同学的例子：

我出了地铁站，要走路十分钟到公司。忽然，有人骑电瓶车从我身边快速过去，胳膊撞了我一下，头也不回就走了，我刚准备骂出口，此时，看见了自己想骂人的念头，笑了。

是啊，自己也没受伤，有必要吗？想想自己以前的德行，有些羞愧。

Y同学从开始"看见"，直接就"改变了行为"。

当你"真正看见"，一切会自然发生。你需要做的就是看见，看见情绪，看见念头，看见之后的一切变化。那个最符合当下的行为，自己会出现。就像没有人要求Y同学原谅那个撞她的人，但"原谅"自己发生了。没有人要求Y同学笑，但"笑"自己发生了。

这些改变，不是逻辑推理，也不是道德约束，只是自然地发生。再看D同学的例子：

瑜伽练习中，一位练习者想要我过去辅助她。我不想去，因为她不在我这买衣服，看见自己的得失计较，我笑了，走过去，温柔辅助。

D同学是瑜伽老师，她的看见，是真正看见，之后的变化，都是自然发生。当你提起觉察，你自然知道该怎么做。

我给D同学的作业回复如此：

反者道之动。下次那些没有在你那里买衣服的学员，你要提醒自己更耐心更热情地服务他们。

你对修行兴趣很高，更要让修行和生活融合起来。

例如：瑜伽课，就是你很好的修行道场。提醒自己，教大家瑜伽，赚钱不是主要目的，修行才是。把瑜伽课，作为结缘众生服务众生帮助众生的机会，把"自我"的执着一点一点消除。这样下去，你的瑜伽课，一定会很不一样，你也会很不一样，你的学员也会不一样，这个世界也会因你而不一样！

如何"盯住"情绪

情绪是念头，看见念头，这个念头就消失了。 但现实生活中，经常发生的情况是，知道自己在发怒，知道自己在焦虑，还是继续发怒、继续焦虑，为何情绪并没有消失？

> 一刹为一念，二十念为一瞬，二十瞬为一弹指，二十弹指为一罗预，二十罗预为一须臾。一昼夜为三十须臾。
>
> ——《摩诃僧祇律》

如果以现代时间计算，一须臾为四十八分钟，一罗预为一百四十四秒，一弹指为七点二秒，一瞬为零点三六秒，一刹那是零点零一八秒，是为一念。如果此处的"一念"指"一个念头"的时间，那么一个念头的出现消失非常非常短，才零点零一八秒。

当你觉察到某个念头，某个念头消失，但另一个念头马上升起。如果升起的念头与之前的念头性质一样，这种消失和升起，你基本觉察不到其间断，你以为那个念头一直在。就像电影，其实是一张一张静态照片组成的胶片，当胶片在快速播放时，荧幕上的人物就动了，观众就以为是连续的。

若是简单的情绪，你只用一眼，情绪念头能被打断并消失。但当你处于某种强烈情绪时，看见念头，念头消失，但很快同样的情绪念头继续升起，这导致情绪无法立即消失。如果细心体会，只要你看见，情绪是减弱的。此时经常出现的情况是：你知道自己在发怒，但就是停不下来。

一个人在情绪之中，容易做出愚痴的事。一旦被情绪控制，跟随情绪流转，情绪的能量会越来越强烈，随之带来烦恼和痛苦。这就是被情绪控制，没能降伏其心。

为了让情绪消失，需要"盯住"情绪，直到情绪减弱或消失。

盯住情绪，就是反复"看见"。**念头方生方灭，方灭方生。如果能反复看见，则可以让情绪能量减弱，逐渐消失。**

当情绪过于激烈，盯住情绪就很困难，我们可以分解这个过程。觉察到情绪升起，看见情绪念头，情绪还没有消失，知道。你感受情绪的能量所在，可能会集中在胸部、腹部、喉咙等。此刻，你身体一定有某些部位和平时感受不一样，感受它们。让觉知保持在能量所在之地，体会那种感觉，知道，此刻，那个部位会自然开始放松。你继续看见情绪的念头，知道。此过程要短，要快，要及时。从另一个角度看，这也是转移注意力，是在强制打断之前的激烈情绪念头的链条。只要此链条被打断，情绪也会减弱。那种感觉还在，但情绪此时已经减弱或消失，这就是盯住情绪。

如果情绪过于激烈，类似于"恐惧""愤怒"等，更要重视"盯住"情绪。此刻可以认真体会当下的身体感受，研究自己身体的状态和感受，就像研究一个发病的精神病人一样研究自己的身体。一旦你开始做"类似研究"，身体也会自然放松，此刻你已经在情绪之外了。随之，情绪也会减弱。

以上过程中，要确保自己不被当下情绪带走。例如你听见有人说你的坏话，火冒三丈，看见情绪，盯住情绪，发现还是有怒火，感受能量都堆积在胸口，胸口难受，想起以前对他那么好，他居然多次在背后诽谤自己，真是狼心狗肺……这就是没有盯住，从想起以前的一些事情开始，就已经被情绪带走，要及时看见，专注当下。

整个盯住情绪的过程，总结起来有两点：一、看见情绪，反复看见情绪。二、如果情绪很强烈，通过感知身体的方式来确保自己不被情绪带走。一开始可以刻意练习，等熟练掌握后，看见、盯住都会成为你的自然反应。盯住情绪的目的，是让自己不被当下的情绪带走。如果你确信自己不会被情绪带走，哪怕感觉情绪还未完全消失，这个过程也可以结束了。

挖执着点

挖情绪背后的执着点，这是一个向内求的过程。当你向内求，就不会再去责怪他人，不责怪他人，就不会生气。当然，这又容易让人进入另外一个极端，特别是对那些本来就习惯性自责或自卑的人来说，更是如此。

J同学和父母发完脾气，开始挖自己的执着点。执着点很快被找到了：是因为不接受自己是个失败者。自己三十多岁了，还没结婚，没有事业，没有存款，还有负债。自己这么差，害怕别人说破，脾气还大，也被亲戚朋友看不起，自己这么失败，活着就是个累赘，是别人的累赘，也是自己的累赘……

这是个反面例子，这根本不是在挖执着点，而是又被念头带走，还编了很多故事。如果J同学想：我的执着点就是：不接受自己，害怕别人提到我的现状。到这里，就结束，那就很好。接下来的，都是头脑编的故事。

执着，是我们长久以来养成的习气。挖执着点，包括发现自己习惯性的反应模式。就像上面的例子J同学习惯性想自己的不好，习惯性否定自己，这就是反应模式。能看见这种模式，就能打断它，后面那么多故事，自然也就不会出现了！自己的反应模式，常常视而不见。就像有人习惯性地挑人毛病，习惯性说人不好，习惯性抱怨老公，习惯性抱怨婆婆，习惯性自吹自擂，这种人生活中很多。但我们常常只发现别人是这样的，很少会意识到自己是这样的。

小红和小明聊天，小红说："我这人不喜欢背后说人长短，只有那个小蓝，最喜欢背后说人是非，最讨厌了，上次她还造谣说小明你和……"

　　这就是为什么修行需要一个老师。老师是一面镜子，能照出你本来的模样。再看一个例子：

　　公司健身群突然发来通知，从下周开始成立游泳俱乐部。我可是太喜欢游泳了，群里说参加俱乐部的同事可以找XXX报名，名额有限，报完即止。

　　看到这个消息，我马上给XXX发了信息，半小时后XXX回我，现在报名没用，到时我会在群里发接龙，你接上就行。

　　当时就看见念头起来："信息是没沟通好吗？群里刚说找你报名，为什么还要接龙呢？"

　　发现念头还被带跑这么多，赶忙盯住，不能再延伸了，否则头脑又要演戏了。我赶紧给同事回了个消息："好的。另外我健身群设置了免打扰，所以可能不能及时看到。如果发接龙，你提醒我一下，我去接。拜托。"

　　对方很快回复我"OK"。

　　R同学很厉害，及时看见了抱怨的念头，回到当下。然而，R同学只看见了表面，如果再进一步，真正引起R同学情绪的根源在于，R同学太想报名游泳俱乐部了，担心错过。因为R同学执着于结果，导致最后还会要求同事发接龙时单独通知自己。这就是被反应模式带走了不自知。如果看见自己这个模式，R同学就自由了。可以报名，可以接龙，可以错过，甚至可以直接不报名，把名额让给别人。这就是消除"我执"的方法。

　　再看个例子：

　　昨天请了假准备出去旅游。

　　上午收到领导的信息："你要不就直接请年假吧，再多请两天就不好了，请年假的话没问题，前后也有九天了。"

看到消息的那一刻，内心有些不平静（思他人过）的感觉："昨天都跟你确定过了呀，现在才这样说。"觉察到了此刻的念头，淡定地组织语言回复。想说："昨天也跟陈总确定过，我也确定了行程了。"继续看见。

回复："是跟团走的……要是后面有工作我周末加班吧。"

领导："你看看能不能调下，你哪里报的？我其实也想出去走走，只是现在两个小孩都生病。"

我发了截图（跟团、交款确定活动的聊天记录），同时回复："你8月出去也可以呀！"

领导："你就是说已经定了是吧？"

我特别平静地回复："是的，昨晚交款。"

看见越快，内心的戏就越来越少了，处理事情也更加自然妥当。

Y同学因为请假的事，内心有情绪波动，看见了，平复了，没有和领导争论，没有抱怨，只是就事论事。这算是个不错的觉察，Y同学自己也很满意。但Y同学也只是看见了表面，如果再进一步，真正引起Y同学情绪的，是他只能接受一个结果：领导必须同意自己的请假，自己旅游的事不能耽误。所以，Y同学的所有回复，都是在试图说服领导同意批假，完全没有关注领导说话的内容。如果Y同学能看见这个执着点，退一步，跟领导沟通：公司最近是有什么特殊项目吗？要不我就不请假了吧，虽然钱交了，应该可以退款的。您两个小孩都病了啊？严重吗……

挖执着点，没有标准答案。同一个场景，同一种情绪，不同的人，其执着点可能会不一样。就算是同一个人，到底是因为什么执着导致某种情绪的出现，也无法真正确定。你可以找修行的老师或者同学来帮你挖执着点，但他们的结果，也只是供你参考，无须纠结挖得够不够深，如果挖得不够，下次情绪再次出现，那就继续再挖，不会有什么损失。就算没有挖到真正的执着点，情况也不会比以前更糟糕，不是吗？

挖执着点，尽量挖得具体。类似"我就是我执太重""我接受不了失败""我接受不了他人的批评"等，这些也算执着点，但短期很难解决。你尽量找出那些你可以减弱或可以放下的执着点。例如看见孩子上学前很磨叽，你开始着急，情绪起来了，看见，情绪消失，挖：我居然接受不了小孩上学迟到。是啊，多大点事啊。下次小孩再磨叽，你或许就不生气了，因为比起亲子关系，偶尔上学迟到一次，也不是什么大事。相对挖出执着点"我就是对孩子要求太高"，前面挖的执着点就更具体，更容易落实。

挖出执着点后，要有改变的决心和步骤。挖出执着点，是希望能放下它。执着少一点，自在就多一点。一旦挖出执着点，要认真对待，要有放下它的决心，思考如何放下它。例如：以往先生每次喝酒，你都会生气。这次他回家时，你发现他又喝酒了，情绪起来，看见、盯住，执着点：我执着于让先生戒酒。发现这个执着点，要想办法放下，而不是等先生下次喝酒后回家，你又生气，再找出同样的执着点。这样次数多了，就会成为"自我"欺骗你的把戏：你看每次都挖到执着点了，但是每次还是会生气，我说了吧，觉察没什么用。正确的处理方式是，发现自己执着于让先生戒酒，那就想办法放下它，不再要求他戒酒。你可能会想："我平时反复要求，还那么生气，他都戒不了酒，我如果不管他，他岂不是天天都喝酒？万一出事了怎么办？"当你有这个想法，要看见它，你在担心未来，而不是在当下。而且，不是让你不管，而是让你不执着结果本身。你可以继续提醒，但也知道他不会听。你还可以偶尔陪他喝点，或者做好准备，他喝多了，你照顾他，总之，就是不再期待他一定会戒酒。

挖执着点，一开始很难挖得那么准确，就算挖得不准确，挖得不够深，都没关系，只要不是挖别人的问题就好。不要让挖执着成为你的一个新的执着。等练习觉察到一定程度，某一天，情绪背后的执着点会自己浮现出来，也会自己脱落。那一刻，你会彻底放下。

总结【看盯挖改】

【看见情绪】，指一旦有情绪出现，及时看见。要尽量早，否则一旦错过，后面很容易被情绪带走，那时就算再次看见，也很难盯住。

要求自己：一旦看见，全力以赴。不要想："这次太生气了，我下次再练习"，"365天，我这几天不修行就好了"……要看见这种想法，这是"自我"的把戏，有第一次就会有第二次。一旦看见，全力以赴，绝不妥协！

【盯住情绪】，有时只是看见情绪，意识到自己想发火、想抱怨，情绪会自己消失。但有些情绪比较强烈，那就需要盯住情绪，若情绪还不消失，可以用感受身体的方法来继续盯住。做到不继续，不被情绪带走。类似想起以前如何如何，担心以后如何如何，这些都是被带走。

情绪比较激烈时，此刻看一看在情绪中，自己的身体是什么状态、什么感受，像医生研究精神病人一样研究自己。一旦你这么做，情绪本身自然会减弱，你也不会被情绪带走。

所谓的情绪消失，就是明确知道自己不会跟随情绪，不会被带走了。此时可能身体还有些感觉，关系不大，可以开始挖执着点。

【挖执着点】，关键是找自身的原因，看看情绪背后自己的执着点是什么。此刻，只要不继续找他人的问题，哪怕找自己的问题找得不太准，也没关系。

当想要挖的那一瞬间，会有些念头出现，瞬间明白自己的问题在哪里。练习越多，会看得越深越清晰。还可以等情绪结束后，再来挖情绪背后更深层次的执着点。

有时看见了自己的执着，也不一定真的能放下，下次遇到类似的情况，还会生气。这就需要反复练习，以及针对自己的执着点来对治。例如发现自己的执着点是"只能接受孩子成绩优秀"，这个执着点就很难放下，需要提升你的见地。

【改变行为】，最后一步是验证对治情绪是否成功的标准。针对这类情绪，自己以往的行为模式有没有改变。一般来说，和以往的行为反过来做就可以。反者道之动。反过来做，本身就是切断习气的控制链条，也会减弱自己的执着。

例如，看见小孩房间乱七八糟，以往都会大声呵斥。这次看见情绪，就不呵斥了，自己默默帮收拾整齐。这就是改变行为。

准备抱怨的，改成另一种处理方式；准备生气的，换成平和地沟通；准备责骂的，也要停止。

改，在一开始，需要刻意要求自己，必须改变以往的行为模式。当练习多了，那个最合适的行为会自己出现，一念之间就会知道，什么是当下最合适的行为。

看一个作业：

今天和美工沟通页面事宜，我想做些小改变，美工又以原来的理由说不改，如果要改，让我去找我的领导和她的领导沟通，当时脑子里一团小火苗升起，想掉回去。【看】

意识放在脑门的小火苗上，几秒就没了。【盯】

执着原来公司的工作模式是对的，且我的意愿都是对的。【挖】

我没掉，而是告诉她要改的原因，也听从她的建议，找我的领导和她的领导去沟通，这件事结束。【改】

这是J同学在天空训练营提交的作业。过程非常清晰，文字简洁明了。对于初学者，可以按照上面这个例子作为模板记录觉察作业。一般记录觉察作业，不要超过三百字。写简洁，有助于自己对步骤理解更加清晰，知道哪些是关键点。

【看盯挖改】是专门对治情绪的，如果情绪没有那么激烈，不需要用这四个步骤。来看一个同学的作业：

同学一般是早上把云空间录制视频发过来我转换放小鹅通，但今晚十一点半才发过来，我一贯作风是收到后马上弄。这次我收到时，虽然未睡觉，但想明天再弄。

下意识告诉自己："我睡着了，明天回她信息，今晚不要发朋友圈，不要在群里发言。"

后来看到了自己这个狡猾、不诚实的念头。"别人又没有叫我马上弄，我自己做贼心虚，这是什么习气呀？！"

之后大方回复同学："辛苦啦，明天处理！"

K同学的作业很典型。虽不是对治情绪，但也是很好的觉察案例。里面有"看、挖、改"。看见自己的念头（想撒谎）；挖出自己的习气（喜欢撒谎）；接下来改变了行为（大方回复）。

再看一个僧人的故事：

在藏地，若有人去世，家属会请一些出家人到家里念经超度，会念四十九天。

一次，有个僧人去某户人家念经，中午时分，户主过来给每个僧人发东西吃。

这个僧人看见有一样自己特别喜欢吃的饼干，非常开心。因为他离得比较远，心想：哎呀，要是分到我这里没有了怎么办？

瞬间，僧人看见了自己这个念头，惭愧心涌起来。看见了惭愧。

等户主到他面前，正准备给他分饼干时，他把碗反过来放着，说："谢谢，不用给我了！"

你在这个故事中看见了什么？那个僧人最后也可以分到喜欢的饼干，提醒自己不挂碍就好了，他为何还要把碗反过来放着？

【看盯挖改】，这个四步法，看似简单，但很多同学容易犯错。下面列举一些常见的错误：

1. 【看盯挖改】，是用来对治情绪的。如果不是情绪，不用生搬硬套这四步。普通的一些念头出现，可能只需要【看】【改】。

2. 【看】，是看见自己的情绪和念头，不是看见某个现象，不是看见别人的情绪。

3. 【盯】，是盯住情绪，通常用感受身体的方式来盯住情绪。并非盯住某件事情的发展过程。目的，是不被情绪带走。

4. 【挖】，是挖自己的问题，并非找别人的问题。"我的执着点是：看不惯素质差的人。"这就是在找别人的问题。

5. 【改】，是要改变行为，尽量是真实发生的行为，而不是表决心，说自己改变了某些想法。例如看见自己想抱怨的念头，最后改的部分说："我以后不抱怨他了。"这就是表决心。类似这种情况下，可以改成："内心给他送个祝福！"当然，如果真的这么改，你是真的做了这件事，内心是真的祝福了人家。

6. 实际发生对治情绪的过程并非理想，但为了交一个漂亮作业，把文字改得符合要求，这样意义不大。作业，要真实记录。你可以自评时写出来，哪些地方做得不对。这样下次再遇到类似情绪，你就知道该如何处理了。上次有个同学讲了自己的经历。

女儿把自己关在房里，每天不肯上学，几乎不出门，也不和父母沟通，吃饭都需要送到门口，或者她自己点外卖。

我想和她聊天，但她嫌弃的眼神拒绝了我。

我很担心她。我很害怕，不知道以后会如何。

您让我看见自己的恐惧，我看见了，但还是很害怕，怎么办啊？

这种情况就是没有【盯】住。"还是很害怕，怎么办？"这是被恐惧带走了。你看见了"恐惧"，"恐惧"如果不消失，你就好好研究一下此刻身体的感受。是真的要研究，像研究精神病人一样研究自己。不要想："研究这个有什么用？我害怕的事依然存在，我该怎么办？"

这是方法，方法是让你执行的，不是让你理解的。不要管有什么用，不要问为什么，直接去做[1]。当你真的去做了，情绪消失了，再来【挖】恐惧背后自己的执着是什么，再来处理"怎么办"的问题。

要把情绪和事情分开，不要在情绪中处理事情。有恐惧，这是情绪。该怎么办？这是事情。如果你的情绪一直存在，智慧就无法出现，智商也不在线，事情自然处理不好。等情绪消失了，再来处理事情。

这个例子中，如果没有了"恐惧"，此刻可以挖自己恐惧背后到底是在担心什么。可能是担心女儿抑郁，或者担心她身体不好。最坏的情况是什么？"如果她抑郁了，我就不要她了吗？无论她遇到什么情况，我都会不离不弃。"到此刻，最坏的情况，你也可以接受了。现在该做什么，那就去做什么。恐惧已经不在了。

再举个例子。

中午，知道明天妈妈要过来，感到非常焦虑。【看】

没有盯住。昨晚一晚上下水道都没通，今天借下水道堵的事跟先生借题发挥了，和他吵了一架。晚上，娃十一点还不睡，我骂了她。

觉得自己不够好，还活在过去，执着曾经发生过的事，想得到妈妈的认可【挖】

我接受，都可以，让暴风雨来得更猛烈些吧。【改】

1　有人可能不理解为何要这样。这就像你中了敌人的毒箭，医生要给你处理伤口，治病救人，你非要问：这是什么毒？这种毒是如何配制的？敌人为什么要用这种毒？为什么你这么做可以解毒？

这个作业出现的问题是没有当下处理，把昨晚的事、孩子的事、妈妈的事混在了一起，这种看盯挖改，没有意义。修行，是让你活在当下，对治情绪，也是处理当下的情绪。我给这个作业的回复是：

妈妈的到来，焦虑出现的时候，你为何不看见，为何不提交作业？

你和先生借题发挥的时候，你为何不看见，为何不提交作业？你骂娃不睡觉时，为何不看见，为何不提交作业？

你把这些事都放到一起，再去挖出多少年前的事，本身就在编故事。这就是让念头不断繁衍，一个生出一个，最后儿子孙子都出来了。你在孙子身上分析，希望解决他爷爷的问题，你觉得有可能吗？就算解决了又如何？孙子自己还有一堆问题依然存在……

把那些事情先放一边。回到当下，当下有什么问题，就解决什么问题。

常用方法

用觉察对治情绪的四步中，最关键也是最难的是第一步：及时看见"情绪的念头"。若不能及时看见情绪，后续一切都无从谈起。想要及时看见情绪，最好的方法是坚持"静坐觉察"练习。

这四步中，第三步很重要：挖情绪背后的执着点。一旦我们能挖出自己的执着点，就有机会放下这些执着，能引起我们情绪的事情也会越来越少，生活就会变得自在。

接下来介绍一些方法，可以帮助我们更好地对治情绪。

- **不迁怒。**当情绪出现后，我们很容易迁怒他人。当我们生气时，常常对接下来的人和事很不友好。例如，你在公司被老板批评，心里不爽，回到家里，猫跑了过来，你很不耐烦，一脚把它踢开。这就是迁怒。由于"迁怒"产生的情绪，很难挖到当下的执着点。"迁怒"是"自我"常见的一种反应模式，要及时看见。一旦看见，自然就不会被其影响。

- **不甩锅。**当问题出现，"自我"习惯性会"甩锅"：把责任推给别人。老板提醒你今天迟到了，你说路上实在太堵车了，还有个家伙开车不守规矩；你接电话时没拿稳把手机摔了，抱怨那个打电话给你的人，这个时候打什么电话！你吃饭时咬到了舌头，抱怨女儿，为何吃饭时总喜欢找自己说话！"自我"的一个强大能力，就是甩锅：把责任都推给别人，反正不是自己的错。

- **在某处贴条"觉察"。**可以在办公桌上打印两个大字"觉察"，这样可以时时提醒自己，在与同事沟通时提起觉察。同样，还可以在手机壳背面贴两个字：觉察。自己拿起手机时，会提醒自己提起觉察。这对时常想摸手机的人也有帮助。

- **在事前提醒自己觉察。**有时我们知道某些场合会容易引发自己的情绪，就提前提醒自己：接下来要时刻保持觉察。例如下午的绩效会议之前，知道会有不公平，提醒自己提起觉察；回家见父母，知道他们会催婚，提醒自己提起觉察；下班晚了，知道婆婆会抱怨，在进门之前提醒自己提起觉察。

- **了解世间八法。**人们常常会陷入八大陷阱中：希望得到，不希望失去；希望快乐，不希望痛苦；希望得到表扬，不希望被批评；希望得到关注，不希望被冷落。这八件事，会让我们日常的情绪起伏不定。如果实在挖不到情绪背后的执着点，可以往世间八法上靠。

- **停止编故事。**头脑是世界上最好的编剧，出现任何对境，头脑会快速编出故事。听见婆婆的抱怨，会联想到她以前一直看不起自己，挑自己毛病；看见爱人乱丢袜子，会想起过去无数次他不注意收拾，所有的琐事都是自己在忙，还得不到任何肯定；遇见小孩贪玩，会想起曾经说了多少次他都不听话，成绩越来越差，习惯越来越不好，再这么下去就完了……这些都是编故事。停止编故事，情绪自然会消失。

- **找情绪按钮。**别人一提到某事，你就会爆发情绪。这就是情绪按钮。例如，一看见小孩玩游戏，你就会发火。说明小孩玩游戏，就是你的情绪按钮；一有人问你找男朋友的事，你就会烦躁。说明这件事就是你的情绪按钮。你知道了自己的情绪按钮，当别人再来按它时，你自然就能及时觉察，避免情绪爆发。同样，你也可以找到他人的情绪按钮，尽量避免按到对方的按钮。当然，你也可以故意按他的按钮，等着看好戏。

- **在看戏中修行。**有了觉察，看戏就很容易了。而且你完全可以做到，不只在有情绪时才看戏，任何时候你都能看戏。生活多美好啊！顺境时看喜剧，困境时看悲剧，平时看肥皂剧。剧情不满意，还能自己改剧情。

- **提起同理心。**从对方的角度思考问题，提起同理心，很容易化解我们的情绪。当你抱怨快递小哥送餐太慢时，想起他们这么晚了还在工作，是真的很辛苦，抱怨情绪自然会消失；当你看见老公因一点小事发脾气，你想到他压力太大，也就不和他计较了。要提醒的是，提起同理心，让情绪得到缓解，仍然需要及时提起觉察，以及挖自己情绪背后的执着点。否则下一次遇到类似的场景，你还是会爆发情绪。

修行入门

在生活中，即使你不懂觉察，情绪爆发，过了一段时间，情绪可能也会消失。遇到对境，情绪出现，你被情绪带走，爆发出来；情绪爆发之后，你开始反思，想通了某件事，情绪自然消失了。有人情商高一些，从情绪出现到最终消失，时间会缩短。但即使如此，这也不算在生活中修行。觉察，是在生活中修行的入门标志。举一个例子：

购了两个水泥花盆，种上了喜欢的花草，放在店门口，这段时间发现有猫咪喜欢拉屄屄在花盆里，大概是觉得新鲜的泥土比较松软……

今天又发现了一堆。我瞬间拉起了黑脸，有情绪了，生气、烦躁，今天就没有处理，想让小伙伴来收拾，每天都要处理这些秽物，让我犯恶心，心情也不好了，好愁！总担心明天它还会不会来，我还要当多久的铲屎官。

这件事让我一直惦记，很影响情绪，于是在工作室里抄了一部经，冷静下来，告诉自己：不就是拉屎吗？有就处理掉，几分钟的事情，不能浪费一天的好心情，我不想处理，别人也不乐意去做，于是选择了解决它，接受这件事，并告诉自己，这是只有爱心的猫，给我的花加养料……

上面是J同学交的觉察作业。从对境出现（猫在花盆中拉屎）J同学出现情绪（生气、烦躁），但她被情绪带走了，一直心情不好，还担心明天会出现。接下来J同学意识到心情不好，想到了抄经，然后又开始反思，说服了自己，不能因为这件事，影响一天的心情……

J同学整体情商比较高，知道控制情绪，没有暴跳如雷，没有追着猫要打死它。但她没有用觉察来对治情绪，也不算在生活中修行。如果下次猫还在花盆中拉屎，J同学不一定还能原谅猫。

用觉察对治，应该是什么样子？看看我自己亲身经历的例子。

有一只猫，每隔几天，就在我负责的经堂地毯上拉屎，我叫它地雷。前两天，我又看见一个"大地雷"，瞬间不开心了。

看见自己的情绪，看了一眼，情绪消失，我瞬间明白自己的执着点：猫师兄不听话。说了几遍它都不听。还有就是自己嫌麻烦，觉得太恶心。

很快我就笑了。居然还真的要求猫听懂人话……自己的工作就是打扫卫生……

然后找了纸，戴上口罩，把"地雷"清理干净。

接下来一天时间，根本没想起这件事。

我遇到对境（猫在地毯上拉屎），情绪出现（不开心了），盯住情绪（看了一眼情绪消失），找出执着点（猫师兄不听话、自己觉得太麻烦），改变行为（我笑了，把"地雷"处理干净）。

我处理猫拉屎的例子，与之前那个同学的例子，不同之处在于，我的情绪瞬间消失了，而她的情绪持续了很长时间。如果下次还有类似的事情发生（猫拉屎会在固定地方的），相信我应该不会被情绪控制，但那个同学就不一定了。细看二者的差异。J同学的情绪之所以过去了，是因为J同学转念了，还把猫想象成了一只有爱心的猫。而我之所以情绪消失了，是因为找到自己的执着点：我居然要求一只猫会听懂人话。是我错了，自然也就不责怪猫了。

什么是修行？修行是降伏其心。当你被习气带走，那就不是修行，当你能从习气的轮回中跳出来，就是降伏其心。再回头看上面两个例子，我们的习气，就是遇到对境，产生情绪，被情绪影响，一圈又一圈而无法脱离。所以，第一个例子，就不算修行。第二个例子中，我没有被情绪带走，及时从情绪中跳出来，看见了自己的习气，化解了情绪，这就是修行。

修行，不是让自己什么都不计较。看两个有意思的例子：

1. 去麦当劳，买了套餐未吃完要个袋子带走，售货员说："带啥酱不，番茄酱什么的？"我眼一亮，想带点麦当劳的酱回去，看见自己想占便宜，说："不要了，谢谢你。"

2. 去和好友买奶茶，用小程序操作可以有优惠，于是用手机操作，结果弄了几次无果，想直接买单，看到自己好面子，故跟好友讲："我们坐这儿再试一下，能优惠些也挺好。"

这是同一位同学一次交的两个案例。第一个案例，看见想占便宜，选择不占便宜。第二个案例，看见自己好面子，选择了继续占便宜。不占便宜是修行，占便宜也是修行。要区别是不是修行，不看外在行为如何，而是看是否朝"心"上下功夫。

最后再看F同学的例子：

上班路上开车，为了快一点，一直超车并道，忽然"看见"自己这个模式，瞬间规矩了。

过去好多年啊，每次上下班的路上，我都是如此，还出过两次剐蹭事故。其实并没有快几分钟，而我晚到几分钟也没什么关系。忽然有种想哭的冲动。此刻有人要超车并道，我笑了，减了速，让他过去。

是的，我超越了！我知道，就在今天早上。谢谢《觉察之道》！

这就是修行。并非因为F同学开车规矩了，而是因为他能不再被习气控制。修行，不是为了让人变得善良，但懂修行的人，会自然变得善良。

问与答

1. 看见情绪和压抑情绪，有什么区别？

答：看见情绪，不跟随，不评判，挖背后的执着点，当下的情绪自动被化解。压抑情绪，则是一种忍受，强迫自己表面不跟随情绪，内心依然有情绪，只是不表现出来。

前者可能让情绪消失，后者是让情绪加强。下次再出现类似的事情，前者可能不会再有情绪出现，就算有也可能较弱，依然可以轻松化解。而后者的情绪却一定会出现，而且会更强烈，结果往往是比以往爆发得更厉害。

2. 有时看见了情绪，还是不想停下来，想让情绪爆发出来，这正常吗？

答：当你练习觉察还不够，这种情况很常见。情绪出现，你看见不够及时，容易被情绪带走，当情绪比较激烈时，你虽然看见了，但那一瞬间，会出现很多理由，让你继续。例如："如果不给他一个教训，他永远不会改，以后就废了。""如果我不发火，她会得寸进尺。""我知道我伤心，这不是很正常吗？我想念他，就是想念。"类似这种，还是被情绪带走了。

要知道，这是"自我"的小把戏。遇到这种情况，一定要警惕，不要落入自我的圈套。给自己定一个原则：一旦看见，全力以赴。不要有任何妥协！

一开始练习，觉察可能会失败（还是被情绪带走），没关系，不要因此自责懊悔。翻篇，下次继续练习就好。反正也不会比以前更差了，不是吗？

3. 有时看见了情绪，也知道执着点，但还是改不了。例如女儿的学习不好，还不努力，每次遇到都会生气。

答：这是正常现象。放下执着，并不容易。有时理论明白了，不一定做得到。有两种方法可以让我们放下。坚持练习觉察，长时间练习。当你修行到一定深度，智慧增长，有些执着会自动脱落。有些执着放不下，是因为还不够痛吧。当足够痛时，自然放下了。

有个妈妈对女儿的学习很焦虑，时不时因此发脾气，因为学习，对女儿打骂。后来女儿上高中了，抑郁症很严重，不愿学习，也学不进去，不得不休学在家。前些天妈妈跟我说，只要女儿健康，能正常生活就好，成绩差没关系，不上学都可以接受。

4. 用觉察对治情绪，就是让自己没有情绪吗？

答：并非如此。用觉察对治情绪，不是让你没有情绪，而是让你不被情绪控制。面对情绪，你是自由的。

而且就算你学会了觉察，情绪依然会出现。不只是如此，就算你修行得很好，喜怒哀乐依然会出现，希望和恐惧仍然像从前一般升起。普通人和修行人的区别在于如何看待情绪和面对情绪时的反应。普通人会本能地接受或拒绝，因此产生执着或厌恶，被情绪带走；而对修行人来讲，无论升起什么情绪，都能从容面对，理解其自然、原始的状态，不会由此产生执着，也不会被其控制。

就像天空。天空在那里，无论做什么，白云和乌云迟早都会出现。天空要做的，只是看见。

5. 老师好，遇到对境通过觉察虽然行为有了暂时的改变，但情绪却一直都在，只算是忍，比如遇到对方几十年的模式，这一点该怎么破？是通过不断地觉察练习，直到执着自然脱落吗？

答：不是的。如果你的情绪一直在，那不叫改变，那叫积累。遇到了对方几十年的模式，也不是要破了这个模式，更不要想改变对方。

自己有情绪，问题一定在自己身上，不要把责任甩锅到对方身上。哪怕对方品德不行，脾气不行，甚至酗酒、吸毒、赌博、家暴，你可以选择离开，也可以选择接受，但情绪在这里不会有任何作用。无论你是忍还是不忍。

平时，你不喜欢老天爷下雨，你要怎么破？哦，你说那是自然现象，自己根本就不在意。那对方几十年的模式，就不能是自然现象？你要么接受，要么远离。就这么简单。你要出门，但不喜欢路上荆棘满地，你要怎么忍？你要么不出门，要么穿上鞋，就这么简单。你不能要求把外面所有路上都铺上地毯吧？

你要看见情绪背后的执着点，然后逐步放下这个执着。咱们教的很多方法，都在处理这个问题。

6. 我遇到情绪，经常通过转念的方式来化解，这和用觉察对治情绪，有区别吗？

答：转念，也需要能看见自己的情绪，生活中能做到这个程度，挺不错的。不过，转念，还不能称为修行。

你走路时，有个快递小哥骑车撞了你一下，没有道歉就离开了。你生气，但马上想到快递小哥也不容易，可能他有个很急的快递要送，就原谅他了。这是转念。这种转念，对于偶然事件，是很不错的方式。

快递小哥撞了你，你生气，看见自己生气，也可能会挖出自己的习气，例如小心眼或包容性差：别人无意地碰撞，自己也会生气，还想去骂人家。然后在内心祝福快递小哥平安。这就是用觉察对治情绪。

转念，能理解别人，能解决问题，但并没有朝心上下功夫，觉察，会看见自己的习气，并对治习气，是降伏自心。

转念，是说服自我；觉察，是消除自我。[1]

思考 与 练习	1. 根据对治情绪的四个步骤，尝试用觉察对治自己的"生气"。记录觉察过程、每天生气的次数，坚持两周。 2. 找出自己的情绪按钮或反应模式，至少找出三个。 3. 选择自己熟悉的某人，至少找出他存在的三个情绪按钮或者反应模式。

---

1 这句话出自"必经之路"豪锅的总结。

第六章
如何放下执着

在被风吹乱的湖水中，人不能看清自己的面孔；
当心意和感官被物质欲望的风扰乱时，
人不能认识自己的真我！

——《薄伽梵歌》

每个人都有自己的价值观。如果这个世界厚待你，你就把它解释为好的；如果这个世界没有厚待你，你就认为它是坏的。但是，自然从不厚待任何人[1]。既然自然不厚待任何人，那所有人对自然好、坏、对、错的评判，都只是自己心的投射。

有时你能及时看见情绪，但盯不住，还是会被情绪带走。这有两种可能，一种是因为你定力还不够，不太理解"盯"的方法；另一种可能是因为你的执着太深，习气太重，所以还是被带走了。

什么是执着？

我听说过这样一个故事。

1　此句来源于《薄伽梵歌》，《薄伽梵歌》是印度文化的核心和精神内核，书名是由"薄伽梵"（Bhagavat，"世尊"之意）和"歌"（Gita，"颂歌"）组成的，全意就是《神之歌》。

藏地有个大活佛，听说他很厉害，有神通，很多人过来找他帮忙。一天，来了一个大汉，一见面就喊："活佛，你要救救我！"

活佛问："怎么啦？"

大汉说："我胃里进了两只苍蝇。上个月我睡觉，张着嘴，两只苍蝇就从嘴里钻进去了，一直不肯出来，每天都在胃里乱窜，去了几家医院，他们都不信。我都快被折磨死了，他们却认为我胡说八道！"

活佛看了看说："嗯，是有两只苍蝇，我看见了，我可以帮你取出来。"

大汉激动得要哭了，说："太好了，太好了！那帮庸医，治不了就治不了，还非说没有苍蝇！"

活佛说："你需要躺下闭上眼睛，张开嘴，我来念几个咒语施法，过程比较长，你不要睁眼。"

大汉照做，乖乖躺下，闭上眼睛，张开嘴。

活佛去厨房抓到两只苍蝇，用瓶子装好，把大汉叫醒说："好了，你胃里的苍蝇我帮你取出来了，在这里！"

大汉睁开眼，看见瓶子，惊喜道："太好了！我真的好了！我要把这个瓶子送到那些庸医面前，看他们丢不丢人！"

执着指对人、事物、现象、思想、经验等视为真实不变，而生起贪着的心态，不能超脱。换句话说，执着就是指你认定了某个想法，或希望完成某个目标，对其结果的看重或贪求远大于其他。

执着和坚持，容易混淆。坚持，更多强调过程，指一个人的品质；而执着，是偏向结果，指一个人看重的对象。人，经常会看重金钱、名声、美色、身体等，有人要是损失了金钱，或者遭受别人议论，就容易大受打击，甚至轻生，这就是执着于结果。

生活中的一切烦恼，都来自执着。人最大的执着就是这个身体，也是对"自我"的执着。如果一个人彻底没有"我执"，也就没有了烦恼。老子说："吾所以有大患者，为吾有身，及吾无身，吾有何患。"但生而为人，就不可避免会有很多执着，执着金钱、名誉、美色、权力、孩子、事业、爱人，执着家里的整洁，漂亮的外表，可爱的宠物，好吃的美食，等等，各不一样。**有执着就有烦恼，放下一分执着，就增长一分智慧，减少一分烦恼。**

执着的本质是什么？是的，其本质是虚幻的，就像胃里进去了两只苍蝇。胃里根本不可能进去活的苍蝇，但大汉却认为真的存在。当智慧出现，执着会自然放下。小时候喜欢玩的玩具，长大了自然就不玩了。没有人要求你，也不是有什么特殊的遭遇，只是因为你长大了，有了些智慧，以前的执着自然就消失了。很多人都有类似的经验，以前放不下的某件事，某一天，忽然就放下了，不再挂碍。这就是放下执着。修行越好的人，越容易放下执着。

说放下执着，也不够准确。既然执着是虚幻的，那执着本身就不是真实存在，你怎么能放下一个本不存在的东西？就像黑暗一样，之所以有黑暗，并非有个叫"黑暗"的东西真实存在，而是因为没有光。当光出现，黑暗自然就消失了。同样，当智慧出现，执着自然就消失了。这就是放下执着。

觉察可以帮人解决生活中九成以上的烦恼，但并非学会觉察，就可以帮你解决那些困扰你的问题。觉察不能帮你工作上晋升，不能让你股市里赚钱，不能让你小孩成绩变好，也不能让你婆婆对你变得温柔。

你可能很执着于自己的相貌，觉得自己皮肤不够白，也不是双眼皮，你因此很在意自己的穿衣打扮、自己的发型，更在意别人对你外貌的评价，为此经常陷入苦恼。

但当你学会了觉察，经常练习，智慧增长了，你会笑自己以前好傻好肤浅啊，长得不太好看，怎么啦？孩子成绩不好，也不是什么问题，做个心地善良身体健康的人，不好吗？自己长相是不是好看，孩子成绩是不是优秀，根本不再是问题。这些烦恼也就自然消失了。你还是原来那个你，但问题已经不再是问题。这就是放下执着。

找到自己的执着点，然后放下它。这里有两个难点，第一个难点是找到自己的执着点，第二个难点是放下它。执着点，有时自己很难发现，因为可能你不会觉得自己有执着。

"必经之路"有位同学，执着于让家人早饭前喝一杯温开水，她觉得不这样做对身体健康不利。若有人忘记喝了，她会起烦恼，会生气，甚至指责对方。她因此烦恼：为什么都不听我的，以后身体不好了怎么办？家人也因此苦恼：烦都烦死了，忘了喝杯水而已，搞得鸡飞狗跳。她学习觉察后，有一次看见了自己的这个执着点。此后，每次在她想要求家人喝温开水时，及时看见，然后什么都不做。几天之后，她发现她可以接受家人不喝温开水这件事了，这个执着算是放下了。此后，她自在了，家人也自由了。

当你学会了觉察，你会发现，放下执着不算一件太难的事。

转移执着

人活在世上，总会有些执着。你不执着于这里，就会执着于那里。

可以通过转移执着来让自己减少执着。你可以把对各种金钱、美色、美食、名誉等的执着，转移到对"修行"的执着上来。例如，你给自己定了练习觉察的目标，每天坚持静坐，先坚持三个月，或者决定每天抄写一部经典。当你把时间花在静坐、抄写经典上，你去夜店的机会少了，你抱怨社会抱怨公司的时间少了，你玩游戏看视频的时间少了，你对其他的执着自然会减弱，至少不会加深。

但执着于修行，也是执着啊！

是的。你脚上扎了好多根刺，你总得找一根针把它们都挑出来啊！等你用针挑出了刺，刺不见了，针也放下了。就像为了过河，你不得不扎一个竹筏，借用竹筏过河后，你自然舍弃它了，不会背着竹筏继续走。佛陀说：

> 汝等比丘，知我说法，如筏喻者，法尚应舍，何况非法。
>
> ——《金刚经》

看X同学真实的例子：

X同学家庭条件不错，夫妻和睦，儿女乖巧，和公公婆婆一起，相处也很融洽。有同学开玩笑说：X同学最大的烦恼，就是生活中没什么烦恼。

其实不然，X同学也有烦恼，她很喜欢买东西，特别是买衣服，停不下来的那种。平时就喜欢买，一到换季，买得更多，一天几个包裹很正常。家里衣服已经很多，甚至有不少衣服从来没穿过，但X同学就是停不下来。

学习觉察后，她看见自己的模式，决定改掉这个毛病。于是她定了一个目标：半年之内，一件衣服也不买。

习气很重，欲望一直在，所以X同学经常会在家里唠叨：下午去街上看见一件衣服真漂亮啊！某某同事买了一件衣服真好看啊……次数多了，她老公就说："你要么买很多，要么一件不买，太极端了。想买就买吧，修行是让你自由，不是让你束缚自己的。"

X同学一开始有点迷糊，觉得老公说得无法反驳，有一天她想明白了，说："道理没错，但想要过河总要坐船，想去远方总要坐车。"

后来，X同学把想买衣服这件事，作为自己的修行入口。每次想买衣服，就看见自己的"想买衣服"的念头；每次想唠叨，就会看见自己的"想唠叨"的念头。只是看着，让那些想法自己消失。一段时间后，X同学说："买衣服这件事，已经无法困扰自己了。"

这就是转移执着。生活中，我们对某些事物执着很深，自己的觉察力还不够，会用另一个执着来对治它，或许有效果。然而，由于习气太重，我们就算定了新的原则，有时也不一定能遵守。这意味着用新的执着对治旧的习气，也不一定能成功。这就需要想更多的办法。例如一开始把要求定低一点，或找其他人帮助监督等。这是与自己做斗争的过程。老子说：胜人者有力，自胜者强。

向内求

向内求，意思是遇到任何烦恼，从自己身上找问题，解决问题。人们遇到麻烦，会习惯性找别人的问题。上班迟到了，就埋怨堵车太厉害，抱怨天气很不好，就算都是自己的问题迟到了，也会抱怨公司的制度太死板，为什么不弹性工作制，为什么还要上班打卡呢？这就是很多人的生活方式。

向内求不是这样的，向内求是假设外界一切都不会变，而让我们自己改变。就像你想要出门，但外面荆棘丛生石头遍地，你要把那些荆棘和石头都砍伐清理掉，再铺上地毯吗？不，你只需要找双鞋子穿上。当孩子成绩不好，当老板脾气不好，当邻居习惯不好，你是想改变他们还是让自己适应他们？你想改变他们，就是向外求，你想让自己适应他们，就是向内求。

事实是，你改变不了任何人，除了你自己。或许，你连自己都改变不了，改变自己也需要智慧。没有智慧的人，被习气控制，被情绪控制，痛苦地活着。这不就是现状吗？当你遇到烦恼和痛苦，可以提起觉察，提醒自己向内求。如果你有任何负面情绪，那一定可以在自己身上找到执着。这就是向内求。注意，向内求这件事本身，也是要求自己的，别要求别人"向内求"！

明白了这个原则，你至少不会继续找别人的问题，不会继续编故事。有时给我们带来快乐的东西，会给别人带来痛苦，但当别人不乐意时，我们就觉得他们很坏，还把自己当成受害者。在用觉察对治情绪中，第三步"挖执着点"，也是向内求的过程。无论挖得对与否，都会停止找别人的问题。

向内求不是一句口号，而是指导自己日常生活的行为准则，可以帮我们减少执着。**向外求，是执着；向内求，是修行。**

如果你不能提起觉察，很难向内求。很多时候，你遇到问题，开始抱怨，找他人的毛病，推卸责任，这一连串的反应，都是多年的习气。此刻若提起觉察，看见自己想要抱怨的念头，停止了，开始向内求。当你向内求，执着的对象发生了变化，自然就放下执着了。

值得提醒的是，不要把向内求当成自我否定。自我否定，是评判，是跟随，是从一个极端走到了另一个极端。而向内求，是不向外求，是不评判，不期待，不评判自己，也不期待别人的变化，是只履行自己的职责，不控制和要求任何结果。

有人问："孩子考试成绩那么差，我不该生气吗？如何向内求，他考试成绩差，难道要怪我？"

就这简单几句话，隐藏了很多信息。首先，孩子考试成绩差，你为何要生气？是谁规定的？从孩子成绩差，到该生气，这形成了一个程序。看见了吗？这就是习气形成的模式。你被习气控制了还不自知。其次，孩子成绩差，真有可能要怪父母。可能父母智商不高，有遗传因素。可能父母习惯不好，给孩子引导不够……最后，孩子成绩差，并不怪你，但因为孩子成绩差而生气，就应该怪你。此时，你有情绪，因为执着孩子的成绩而出现了情绪，当你向内求：哦，是因为我对孩子成绩的执着造成的情绪，而不是因为孩子。

此刻向内求，并非再也不管孩子，而是不期待他必须考出好成绩。你可以继续辅导孩子的学习，但也能接受孩子成绩考得不好。

所谓的"内"和"外"是相对的，只是标签。究其本质，没有

"内"与"外",只有"求"与"不求"。一旦有"求",就是向外求。念头,是一个投射,不跟随念头,你无法向外求,不跟随欲望,你无法向外求。向内求并非真正向内求,它只是停止向外求,根本无所求。**当你保持觉察,只是观照,不跟随,不评判,你会发现你自己已经在里面。这是真正的向内求。**

向内求,不是一句口号,而是实际的行动;

向内求,不是一句咒语,而是修行的指导原则。

当你快乐时,向内求,你要知道快乐不过是夏天的彩虹,它们瞬间就会消失;

当你痛苦时,向内求,你要知道痛苦就像梦里生子又丧子,它的本质是虚幻的;

当你受到赞扬,向内求,你要知道名誉会带来傲慢,而傲慢就是愚痴的体现;

当你受到诋毁,向内求,你要知道所有的评价就如山谷的回声,哪怕再响亮,也会很快消失。

一切的喜怒哀乐,都来自自我的认同。

当你向外求,自我固若金汤;

当你向内求,自我会缴械投降;

向外求,你就成了自我的奴隶;

向内求,你就是心的主人。

你原本就具足智慧,只是被世俗的欲望蒙上了厚厚的尘埃。

就像那火热的太阳,它一直都悬挂在高空,只是经常被乌云挡住了光芒。

向内求,是寻求光明的唯一途径;

向内求,是开启智慧的必经之路。

朋友们,向内求,去遇见真正的你。

——蓝狮子《向内求》

明事理

人之所以有烦恼，是因为有执着，之所以有执着，是因为没有智慧。

生活中出现的很多问题，如果你能知道并不是对方的错，或者早点明白原来是自己的问题，烦恼自然也就消失了。对绝大部分人来说，自己犯错关系不大，别人犯错就不行。要是别人乱丢垃圾，你很看不惯，心想他素质真低，甚至当面指责；要是自己乱丢垃圾有人说你，你会觉得："自己才丢了一次好不好，而且是找了很久也没看见垃圾桶，再说别人丢那么多垃圾都没人管，自己就丢了一些果皮而已，就被拿出来说事，至于吗！"

严以律人宽以待己，这是大多数人的习惯，只是他们意识不到罢了。

当你责怪他人或替自己辩解之时，你能提起觉察，意识到自己也是在"严人宽己"，自然就会放下执着。

你若是留意，会发现，人们总是习惯记住自己的好，记住别人的不好；总是习惯放大自己的优点，放大别人的缺点。没有人会认为自己长得丑，至少也是平均水平；没有人会认为自己能力很差，至少也是平均水平……这些都是一些意识中的误区。当你抱怨自己为家庭付出太多，而另一半付出太少时，你要知道，你的另一半可能也是这么想的。

有时我们和小孩子一样，不明事理。找工作希望钱多事少还离家近，遇到一点委屈，就受不了；平时工作轻松时还好，稍微加个班就不乐意，抱怨老板心太黑，早忘了自己平时上班摸鱼的场景了。这些都是不明事理。这种烦恼和执着，如果跟朋友讲，一定是这样的：我们公司太抠门了，最近加班一个多星期，也没加班费，连打车钱都不报销，不仅如此啊，做的垃圾项目，效率低得要死……你朋友会说：是啊是啊，我公司比你们还不如……

生活中明的事理越多，执着就会越少。当你有烦恼时，可以提起觉察，看看是什么执着点。或许是因为自己不明事理。

当你能运用觉察，看见自己的行为模式和反应，你会发现很多人和你一样，此刻，你会忽然明白了"某个道理"。在旁人眼里，你开始变得有智慧了。

向内求，明事理，可以抽丝剥茧，一点一点放下生活中的执着。当你执着点越来越少，智慧也自然就增长了。**当你放下所有执着，就真正解脱了！**

这种修行方法，叫渐修。类似神秀大师写的偈子：

身是菩提树，心如明镜台。

时时勤拂拭，莫使惹尘埃。

这个偈子适合绝大多数人。

明事理，也需要修行，修行过程本身就是"认识自己"的过程。

"自我"有典型的模式[1]，我摘选了其中七种典型的"心病"，大家可以一一对照，或许能找到自己的"执着"和习气模式。

1. 王公式心病

类似过去王侯将相的思维方式。他人对我们好是正常的，必须要对我们好；他人对我们不好就是不正常的，哪怕只是没对我们特殊照顾，我们也会不高兴，甚至生出怨恨。

2. 饿鬼式心病

类似饿鬼，永不满足。我们对他人的一点点好，都会期待他人回

报，期望他人一辈子都要记得，否则对方就是忘恩负义。我们总会提起自己曾经对他人有多好，而对方如何忘恩负义，如何对不起自己。

3. 霸王式心病

我们对他人好，他人必须无条件接受，不管对方是否需要。这样的爱就是一种操控。比如很多父母对孩子的爱，比如酒桌上劝酒，都是如此。

4. 畸选式心病

总是忘记他人对自己的好，只记得他人对自己的不好；总是忘记自己对别人的不好，只记着自己对他人的好。这是一种畸形的选择。

5. 自虐式心病

我们时常想起他人对自己的不好，就算过去很长时间，也不会忘记，时不时会拿出来回味一遍，折磨自己。

6. 自大式心病

我们时常只看到自己的长处，意识不到自己的不足。在各种场合，习惯性表现自己，总希望获得赞美，如果他人没有赞美，内心会不舒服。

7. 控制式心病

我们每次发表意见，总认为自己是正确的，不容反驳，也不给他人表现的机会。领导、老师、家长容易出现这样的毛病。

这些心病，一旦出现，很容易导致情绪产生，但你又不知道根源在哪里。对照这些模式，你就会明白，一切都只是"自我"的把戏而已。

让自己明事理，最好的方式是提升见地。见地，一般指修行见地，反映你对真相了解的程度。当你认识到执着的虚幻，执着自然就消失了。就像你一直握着一块石头，从不放手，也不会觉得累，因为你觉得那是一块珍贵的宝石。但当你看清楚那只是一块很普通的石头时，你自然会松手。没人要求你，你也会松手。你会想："我拿一块普通石头干吗？当然要丢掉了，否则，多傻啊！"

当一个人认为做某件事特别愚蠢时，自然就不做了。

确定人生主线

尼采说：当一个人知道自己想要什么样的生活，就能忍受任何一种生活。

知道自己想要什么样的生活，就是确立了自己的人生主线。

你的人生主线是什么？这是个很重要的问题，当一个人没有主线，就像在大海中航行没有方向的小船，只能随波逐流。此时，人最容易执着于眼前的事物。当一个人知道自己的使命，有了人生主线，对当下的一些烦恼和痛苦，也就不那么在意了。古人云：将军赶路，不追小兔。就是在说明这个道理。反之，当一个人没有人生主线，不知道最重要的是什么，就会纠结于生活中的小事：为何孩子总不收拾房间，为何爱人总不关窗户，为何婆婆总喜欢唠叨，为何老板总不给我加工资……

如何确定自己的人生主线？当你知道自己的人生使命，也就确定了自己的人生主线。

这是个不断寻找的过程，是不断自我反思和自我否定的过程。当你为了房子而愁眉苦脸时，可以思考自己人生的使命到底是什么——是为了一套房子吗？当你为了晋升失败而怨恨时，可以思考自己人生的使命是什么——是要不断晋升吗？当你因为朋友的背叛一直耿耿于怀时，可以思考自己人生的使命是什么……

有时你以为自己找到了人生的使命，但过一段时间，发现了另一个更有意义的使命，这很正常。不同的阶段，有不同的使命。你的使命正是在这种寻找中不断清晰。人生不易，总要活得有点意义。蹉跎时光，终究无聊。

"我不知道自己的人生使命怎么办？"

这是个很好的问题，很多人都面临这样的问题。当不知道自己的人生使命，就去思考去寻找，如果已经开始只是没有找到，那么你只需要做好当下的每一件事，把每一件事做到极致。学会等待，让"使命"自己出现！让事情自己发生，是聪明的做法。其实，所有人的使命，从来不是找到的，而是"使命"自己出现的。如果使命不出现，你怎么能找得到？它不存在于某个角落中，也不存在于某条河流里，而是在你做好当下的每一件事。

当你练习觉察，当你妄念不生，在某一天，它会忽然出现，你忽然明白了：啊！是的，我活着，就是要做这件事！

宗翎老师说，他有一天看《玄奘之路》的纪录片，被感动得不能自己，忽然明白了自己的使命：我活一天，就翻译一天；我活一天，就修行一天；我活一天，就利益众生一天！他说，自从明白自己的人生主线，以前很多烦恼和挂碍，自然就消失了。

纯粹利他

一个人最大的执着，来自对"自我"的执着。可以说所有的烦恼，都来自对"自我"的执着。如果一件事和"自我"没关系，那就不会引起我们烦恼。就像你会担心自己的身体，会抱怨工资太低，会痛恨背叛自己的朋友，这些都会给你带来烦恼。

有人说："我孩子成绩不好，每天玩游戏，我很烦恼。我是担心他的健康和未来，不是为自己。"

还有人说："我老公喜欢喝酒，经常半夜一两点才回家，我很烦恼，我是担心他的健康，不是为自己。"

但如果是邻居家的孩子天天玩游戏成绩不好，你有这么烦恼吗？如果是闺密的老公喜欢喝酒经常半夜不回家，你会很烦恼吗？你不会的。你可能会替他们担心，也希望他们能改变，如果他们还是改不了，你只会觉得有点遗憾，或者会有悲悯心出现，但你不会因此烦恼，更不会因此发脾气了。

对"自我"执着越少，烦恼也就会越少。

"自我"总是希望自己获益，做的所有事，都是为了让自己受益。这是绝大多数人的思维方式。这很正常，但长此以往，对"自我"的执着也会越来越深。一旦有人伤害了"自我"的利益，烦恼就出现了。

做事情是为了让自己受益，这种方式就是"利己"。与之相对应的方式，做事情是为了让别人受益，这就是"利他"。在这里，利己并非一个贬义词，利他也不是个褒义词。只是用来描述一种做事的方式。

利己，会加强对"自我"的执着。反之，利他，会削弱对"自我"的执着。**当你做所有的事，都想着利他，不考虑自己的利益时，对"自我"的执着，就无法给你带来任何烦恼了。**

利他，本身就是一个很好的修行方法。相对"觉察"来说，利他，是一条宽道。想想，为何很多信佛的人会发愿普度众生？四宏愿中就有一条：众生无尽誓愿度。普度众生，是利他，这是修行的目标，更是修行的方法。当你想着度化众生，想着利益众生，哪里还会挂碍自己的得失呢？此时执着自然会放下！

看看老子的一段话：

天长地久。天地所以能长且久者，以其不自生，故能长生。是以圣人后其身而身先，外其身而身存。非以其无私邪？故能成其私。

————《道德经》第七章

天与地，都很无私。它们的存在，就是为了万物的生长，从来不为自己。这就是利他。这和很多出家人要普度众生是一样的。然而，万物都有生灭，而天地却能长生。因为天地的无私，造就了天地的长生。因为天地的利他，又成就了天地的利己。

如果你能纯粹利他，会对"自我"的执着减弱，甚至真的达到"无我"。当"自我"消失，真我就会出现。此时，烦恼也就消失了。

为了减弱对自我的执着，我要"利他"，这听上去就不够纯粹。这么讲，是让你明白这个逻辑，知道了"利他"是最好的减弱执着的手段。但当你明白这只是手段以后，又需要把"利他"当成目的，而不是手段。当你把"利他"当成手段，就不够纯粹，但当你把"利他"当成目的，不计较个人得失，只是去纯粹利他时，就成了修行。简单讲就是：发心纯粹去做利他的事，本身就是修行。

在"必经之路"，同学们经常提到两句话：

所有的快乐，都来自希望他人快乐！
所有的痛苦，都来自希望自己快乐！

————寂天菩萨

了知真相

对于放下执着，最彻底的方法，就是了知真相。这里的真相，并非指某个悬疑故事的真相，而是对世界的认识，对宇宙万物的认识，也是对自己的认识。不但要了知真相，还要证得真相，成为真相。用修行的话讲，不仅需要开悟，还需要证悟，证道，而不是理论知识上明白所谓的真相是什么。这不是传说中的事，每个时代都有不少人能证道。一旦证悟，一切执着自然破除了。也无所谓破除，因为执着本就不存在。

对绝大多数人来说，这有些遥远（内心如此认为）。但有些道理，我们是可以明白的，而且可以"证得"，例如：无常。

无常，是指一切都在变化。哪怕是你自己，也一直在变化。今天的你还是昨天的你吗？身体已经发生了变化，心态也在发生变化，对世间的看法都在发生变化。昨天还是你最爱的人，今天你就没那么爱了；昨天还在说爱你的人，今天可能就爱上了别人。你觉得孩子的习惯很不好，过了一个月，他可能就变了；每个父母对自己的孩子都充满希望，但后来让父母失望和绝望的并不是少数孩子。一切都会变化，你的执着也会变。恋爱时如胶似漆，分手后形同陌路；今天企业还日进斗金，半年后公司面临破产。这一切的一切都在变化。当你明白了这个道理，时刻提醒自己这个道理，那些执着，也会慢慢放下。

某人几年前骂过你，你到现在还放不下。那个人早已不是过去的那个人，现在的你也不是过去的你，那些"骂人"的话，早已烟消云散，为何你还放不下？你看着孩子成长，没有好习惯，没有好成绩，你想改变他却改变不了，你焦虑，你痛苦。未来还没有来，为何你一直担心？看，"自我"就是这样的模式。"自我"会让你时而活在过去，时而活在未来，总之从不在当下。当你明白"自我"的模式，也会放下很多执着。

"我是谁？"当你在打坐观念头的时候，你会发现，一切都只是念头。所谓的"我"，就是一堆念头的组合。这个世界，也只是"念头"的呈现。当你打坐到一定程度，你能有这样的体悟和感受。更进一步，念头从哪里来？念头又消失在何处？

当你看见一个又一个念头，那两个念头之间是什么？当你发现有时会没有了念头，如果念头都没有了，你又是如何知道"此刻没有念头的"？如果念头都没有了，是谁在知道？你又在哪里？

佛陀说：一切有为法，如梦幻泡影，如露亦如电，应作如是观。一切"如是"，如其所是，无所从来亦无所去。此时，还有什么执着呢？

到底什么才是真相？真相就在觉察之中。

当你练习觉察，练习觉察就是真相；当你在观念头，观念头本身就是真相。

不要试图用逻辑推理来理解真相，也不要寄希望看很多经典来了知真相。真相只能被感知、被体验，无法被推理，也无法用文字描述。无论你怎么描述，都不准确。你如何向一位天生失明的人介绍什么是绿色？你无法解释，你怎么解释都不对。盲人也无法想象，他怎么理解都是错的。但只要盲人恢复视力看一眼，他自然明白什么是绿色。此刻他仍然无法描述，但他就是明白了。

不要试图去推理真相，但要保持对真相的好奇与渴望。持续练习觉察，当觉察的第四层次发生，你或许能有所体验。

觉察的第四个层次是"发生"，当"发生"发生，某些执着，会自然脱落，也就放下了执着。

"必经之路"一名同学，小时候因为家庭条件不好，为了让妹妹上学，她只能上中专。接下来二十多年，学历成了她非常大的执着，哪怕她成了公司高管，事业取得了成功，也总觉得学历是个大问题。她也知道这是执着，但就是放不下。她开始自考，考大专，考本科，考各种证书。某一天，她又要去天津参加某项考试，火车上，她练习"观念头"。忽然"发生"发生了，她开始泪流满面。她说，从那以后，她终于放下对学历的执着了。附带的还有，她也放下对自己儿子学习成绩的执着了。

这种放下很彻底，但只能让它自己发生。

问与答

1. 放下执着和不求上进有什么区别？

答：这是个很好的问题！我们平时说放下执着，一般有两种情况。

一种情况是，放下对周围事物的执着。例如，我可以有车有房，有奢侈品，可以享受生活，但我不执着这些，我可以随时离开它们，可以随时过很俭朴的生活。当这些财富损失了，我也不会觉得痛苦不堪。

另一种情况是，放下对结果的执着。因为大家平时太看重结果。而不注重"因"。菩萨畏因，众生畏果。就是这个意思。修行，要因上努力，果上随缘。就是对过程努力，但结果如何都可以接受。就像平时我认真辅导孩子，但孩子最后成绩不好，我也能接受。我努力了，做了我应该做的，无论结果如何我都能接受。

上进，指希望自己越来越好，对自己要求越来越高，自己很努力。这挺好的，这就是因上努力。但如果没有达到自己的目标，就自责痛苦，这就成了执着。当然，不求上进，有时也不是坏事。因为很多功利性的事情我们完全没必要追求。例如：要赚更多的钱，要获得更大的名气。有些东西适可而止，太上进反而不是好事。

但如果一个人当下做一件事，因为"自我"想偷懒，而用"放下执着"来为自己开脱。这就需要警惕。一不小心就被"自我"欺骗了。"自我"擅长用我们学到的理论来说服我们，包括修行理论。

这也是修行需要老师的原因。一个好的修行老师，是一面镜子，会真实地反映出你的问题。

2. 以前每天花大量时间刷抖音，觉得这个习惯不好，后来为了解决这个问题，把抖音卸载了，然后又觉得没意思就开始刷微信视频号，但工作做不好心里又会愧疚。感觉自己一直有股虚火到处乱窜，安静不下来。有没有其他工具让我能专注投入一件事情中？

答：你用卸载抖音的方式，对治自己的习气，说明你看见了，而且想改。但你接着刷视频号，那说明你没改成功。

没改成功，很正常。如果习气这个东西那么容易就改了，修行就不会显得那么珍贵了。所以，当你没改成功，愧疚、自责什么的，完全没必要。你知道这是现状就好，然后继续想办法对治习气。

这就是自己和自己玩游戏。所以老子说：胜人者有力，自胜者强。真正的强大，是战胜自己。

你不用找了，没有什么工具，能让人专注投入一件事情中，也不可能存在那个工具。因为让自己不被习气带走，就是降伏自心啊！

降伏自心只有一个方法，就是修行。当你修行进步了，习气对你的控制就会减弱。当习气对你的控制减弱，也就是修行进步了。

3. 念佛法门和练习觉察有冲突吗？

答：觉察是很多法门的基础。念佛号，最好能一心不乱，如何才能一心不乱？你需要看见自己的念头，尽量不被念头带走，需要尽量让注意力在佛号上。包括有人打坐观呼吸，也同样需要觉察，否则觉知很容易被带走到十万八千里。

但大家在练习观念头的过程中，不要组合其他方法，不要念佛号，不要观呼吸，不要数息。只是观。简单，直接！老老实实，照做就好！

4. 如果别人的评论对我来说只是念头，那别人对我的行为原因我还有必要知道吗？比如突然被一个朋友请出群，比如……

答：我们不用假设一些问题来回答。说一切都是念头，是座上修的口诀。你在打坐，想起自己被朋友请出群，这本身就是个念头。不要在打坐的时候想为什么被移出群，你这样想就是被念头带走了。

平时，你被朋友请出群，你怎么做都可以，哪怕你当成念头不去管，或者你想知道原因认真分析，这取决于你自己。但你如果因为这件事，觉得气愤，觉得委屈，产生怨恨，那就是修行的入口。可以挖一挖情绪背后的执着点是什么。

5. 对于一个修行很好的人来说，苦到底是什么？是看到芸芸众生的无明吗？还是苦于自己智慧还不够究竟？

答：你可以问问，自己为什么会问这样的问题。你真的需要知道他人的感受是什么吗？

是谁需要那个答案？如果老师回答了：修行很好的人认为苦是不真实的。

你或许又有三个问题出现：为什么苦会不真实？不真实是什么样子？那时还会觉得难受吗……你觉得这样的问题真的需要答案？

其实，只有头脑需要答案。要看见头脑的这种把戏，不要被它带走了。

更不要为了问问题而问问题！

6. 请问如果与队友的教育理念不一样怎么办呢？女儿已经上了一个数学补习班了，队友还想给她再报一个数学补习班，说一节课没用，我觉得没有必要。

答：你希望我如何回答你这个问题？是支持你，还是支持你队友？还是告诉你办法，让你说服你队友？

当你问这个问题的时候，要想想自己为什么会问这个问题。

你不是不知道自己的决定，你并非犹豫无法抉择。是你不想让女儿太辛苦，又不想和队友争论。于是，就把这个问题交给我。

这个问题本身不是问题，你老公不是傻子，也不是想害闺女。

那你们无论怎么决定，我都不在意。就算是让女儿更辛苦了，那也不算什么麻烦。

但你问这个问题，有问题。你不敢做决定，你不敢承担后果，你把希望寄托在外部，你觉得老师有智慧，能帮你解决这个问题，所以你提了这个问题。下次，你女儿该报什么志愿？你和队友意见不统一，你也来问我。你是不是要搬家？是不是要换台车？是不是要买台电脑？你家明天中午要不要吃一条鱼？只要意见不统一，你都会来问我。

这对我来说，也不算什么，我大不了觉得没必要，就不回答你。但你是来修行的，要回到自己的心。修行不是让你不用做决定，不是让你每件事都找到完美的解决方法。

这是个入口，可以好好思考一下。

思考
与
练习

1. 认真思考，自己目前最执着的三件事是什么？

2. 如果没有明天，请写一封遗书，有法律效力的遗书。

3. 有人说："执着，是一种执着，要破除执着，又成了新的执着。"对这个观点，你如何看？

第七章
衡量标准

不要抱有证悟的希望，却要一辈子修行。

——密勒日巴

讲个故事。

从前，有位大侠，武功高强，独来独往，行侠仗义，劫富济贫。

一日，大侠来到一个村庄，惩罚了当地欺人的恶霸，还除去了山中伤人的大虫。村民们大摆宴席，答谢大侠。

吃好喝好后，大侠准备离开。此时有个小伙子来到大侠面前，"扑通"跪倒磕头，伏地不起，恳请大侠收他为徒，教他武功。

大侠不肯收徒。一方面自己仇家甚多，独来独往惯了；另一方面小伙子资质一般，再学武，太晚了。但小伙子长跪不起，身边乡亲也为小伙子求情。

大侠无奈，只得道："来，教你一招。蹲好马步，用力出拳！"

"马步，冲拳！要快要猛，对，就这样！每天练习！"

大侠教完，飘然离去。

小伙子很高兴，每天练习这一招：马步，冲拳！马步，冲拳！马步，冲拳！

寒来暑往，冬去春来。村口的老槐树，黄了又绿，绿了又黄。

二十年过去，此时的大侠，已入暮年。

一日，大侠被仇家追杀。大侠的仇人，个个武功高强，大侠英雄迟暮，身负重伤，不得不奋力奔逃，碰巧又逃到了这个村庄口。

眼看大侠要被仇人追上，此时，从村庄冲出一中年大汉，一把扶住大侠，放到老槐树旁，转身朝后面追来的三人冲了过去。

马步，冲拳！马步，冲拳！马步，冲拳！

三招！太快太猛，三个汉子避无可避，重伤倒地！

大侠一脸愕然，拱手道："多谢壮士救命之恩！"

中年大汉"扑通"跪地磕头，哽咽道："师父！"

一个简单的马步冲拳，坚持了二十年，也能成为顶尖高手。觉察，就是这一招"马步冲拳"。

觉察之道，是最适合在生活中修行的方法。想必现在你已经知道了这个方法的神奇之处。是的，你不会失去任何东西，但能得到所有东西。这就是修行，就是这么神奇。

练习觉察，本身就是在修行，座上修、座下修都是。

静坐时间越来越长，可能说明你很精进，但不一定代表修行有进步。藏地有很多牦牛，它们常常一站就是一晚上，一动不动，下雪也不动。这种情况，并非说明牦牛修行很好。静坐，需要真的能看见念头，能及时看见念头，不被带走。

静坐练习觉察，可能会出现某些特殊的觉受。有觉受不是坏事，说明至少有个"消息"，但不要执着觉受。如果追求觉受，很多途径比静坐来得更快更强烈，例如性爱，哪怕忽然打喷嚏，人也会有特别的觉受。有觉受挺好，没有觉受，也挺好。

当觉察第四层次"发生"时，不可得意，不要向其他人分享，更不要炫耀，反而你需要提醒自己，此刻可以多加练习。这样能快速提升你的觉察力，也能提升你"明事理"的能力。有了特殊的觉受，有了"发生"，还可能带来傲慢。

曾经有个学《觉察之道》的同学，某天晚上，她听完我的课开始打坐，不久后体验很强烈，忽然号啕大哭，后来还给我发了很多信息，说自己忽然之间明白了很多事。我还挺高兴的，让她继续练习就好。但过了一两个星期，我看她状态又回去了，又迷失在了以前的鸡零狗碎之中。后来知道，她就是有了这一次感觉，因为太忙，也没有再练习。再到后来，她甚至开始怀疑以前的那种体验是不是个意外：自己当时抽风了？遇到这种事情，我只是看着，也只能看着，还有一声叹息。

一些征兆

"心灵修持之中，困难在开头；世间事务之中，困难在后面。"这意味着，当我们放弃一般的活动，让自己完全精进修持，可能会遭遇某些外在和内在的障碍。但是越坚持，就会越快乐。反过来说，世间事务在开始的时候会带来一些短暂和表面的满足，但是终究它的结果总是痛苦和失望。[1]

在生活中修行，一开始会比较难。当一开始你刻意去练习觉察，在吃饭中感知动作，用【看盯挖改】对治情绪，会觉得有些别扭。你不再跟随以往的习气和模式，会有一段时间不太适应。你可能不再喜欢和朋友一起抱怨，一起说是谈非，可能不再喜欢参加一些无聊的应酬和聚会，周围的人也会觉得你有些奇怪。这些都是正常现象，是修行进步的征兆。坚持一段时间，当觉察成为你的自然反应，就像呼吸一样时刻都在时，你会发现生活不一样了，烦恼无法再困扰你，情绪对你来说也不算什么事。原本的那些束缚，也根

1　这段话摘选自顶果钦哲言教。

本无法束缚你。你可以回到以前的生活，但那时你已经不一样了。你可以看戏，可以演戏，你知道自己在做什么。你是自由的，在任何时候。

有同学刚学会了觉察，开始练习用觉察对治情绪，但发现这几天好像没什么激烈的情绪，发愁无法提交作业。好不容易来了一点情绪，想用【看盯挖改】来对治，发现情绪消失了，根本不需要【盯】。其实这种状态很正常，因为当你想交作业的时候，就是在保持觉察，当你觉察在线，那些情绪自然很难出现，就算出现，也很难带走你，激烈的情绪就自然少了。

"必经之路"天空训练营，用二十一天一对一手把手教导觉察练习，同学需要每天交作业。有同学说我早上一睁眼，就想着今天要交觉察作业，一整天都在找机会写觉察作业。这种状态也是不错的状态。当你一整天都在想交觉察作业，想练习觉察，这本身就是个很好的状态。看见了吗？**练习觉察的状态，就是练习觉察的目的。调伏心的过程，就是我们想要的调伏心的结果。踏向彼岸的每一步，都是彼岸本身。**

当一个人修行状态好的时候，遇到对境不会起烦恼，偶尔还会出现幽默的应对。幽默和智慧是双胞胎。当一个人开始变得喜欢开玩笑，开始变得幽默，也是修行好的征兆。看看这个作业：

> 奖杯行业年底都比较忙，一楼工厂的老板娘问我："你堂弟有没有空来给我当临时工？"
>
> 我心里想：都是同行，有这么挖人的吗？我弟是我请来的外援啊，难道你看他很闲吗？还有空去给你家当临时工？
>
> 觉察到自己抱怨的模式又启动了，笑着回复她："我弟应该是没空的，我们家只有小贝有空，你看她怎么样？行的话她幼儿园放学我就给你送过来。"

来看Y同学的作业。

午休做了个梦，一个以前很讨厌的亲戚，和我年纪差不多，彼此在一个长辈的生日宴碰上。距离很近，她没见到我，刚想转身，看见自己又想逃。【看】

下意识反应，自虐式心病，总想着她怎么怎么不好，其实都是自己贴标签，头脑把这部分故事编了好久。【挖】

在梦里，和她一起聊天，主动买奶茶一起喝。【改】

不用看具体的内容，只是Y同学在梦里能想到提起觉察，这一点就很难得。一般人的梦，都是散乱的，无法控制。Y同学在梦里还能想起来提起觉察，想起来应用平时练习的方法，这就很难得。这也是修行状态好的一个征兆。

当然，Y同学这一次在梦里提起了觉察，并不意味着她以后每次梦中都能提起觉察。如果Y同学每次在梦里都能提起觉察，那说明Y同学的修行非常好了。一般专业修行人也达不到这个状态。如果一个人每次在梦里都能保持觉察，他临终时应该也能保持觉察。那时，死亡对他来说，就不算多恐怖的事。

在日常生活中，人们习惯遇到任何事都会想到自己。公司开表彰大会，想到自己会不会被表彰；看到优秀的同事，想到自己和他相差太远；看到有老师讲好妈妈的几个标准，想看看自己符合几条；有人在发年终大礼包，担心自己领不到喜欢的那个；学校老师在点名批评某些学生，担心自己的孩子也被批评……总之，无论好事坏事，无论遇到什么事，人们总是第一时间想到自己。这是"自我"的特点之一：最关心的是自己。

然而，当你修行越深入，会考虑自己越少。如果你遇到事情，会想不到自己，根本不在意自己，这也是修行状态好的征兆。看D同学的例子。

早上刚进店门，一同事喊我："红姐，快看！"

一看是一只大蟑螂仰着身体翻不过身。

同事起身进了办公区里屋，我想着她去拿笤帚了，我等着想给扫到外面草丛里。

同事拿来一个蟑螂贴，准备贴。我说我去拿笤帚扫到外面吧！

同事："你扫到外面它也会爬进来，所有人都会因为它感染，小朋友会拉肚子。"

我："不会的，你想多了。"

同事情绪有点激动："你不杀生，你不能不懂是非啊，你不懂是非对错啊！"

我没说话，沉默走开。一股悲伤从心而起，看见。默念佛号回向蟑螂。

同事在批评她，但D同学并没在意别人如何说自己，而是在关心那只蟑螂。

融入生活的修行

修行，需要融入生活的点滴中。在生活的细微处，看见自己的念头和习气。一旦看见，改变会自然发生。

来看几个小例子：

1. 和朋友去看偶像的音乐会，想着给她带一份礼物。家里有同事送的礼物，自己很喜欢，舍不得。看见自己对于物质的贪念。知道。选了最喜欢的一份带走。

2. 中午吃饭，烧饼很脆，我用筷子夹的时候，掉了一些碎皮在托盘上。我准备用筷子夹起来，愣了一下：别人会不会笑话我？

看见念头，笑了，很自然地把掉落的烧饼皮捡起来吃，捡得很干净。

3. 我去买菜，拿起一个西红柿，发现裂口了，准备放下。看见。我想："总得有人要吧！"于是，我将这个西红柿放到袋子里。

几个例子中，同学的心理活动没有人知道，时间也只是一瞬间，但就在这一瞬间，同学看见了自己的习气，这个习气就无法继续了。

再看B同学的例子。

这几天感冒，昨晚嗓子痛得醒来，早晨的第一念：今天我要去找晴姐，我要回家，看到了自己的自怜，想要逃避孤独。【看】

头脑编故事：我感冒了，没人照顾，很可怜，很孤独。【挖】

该静坐静坐，该读经读经，该看书看书。【改】

C同学也提交了一个类似的例子：

下午从开标现场回来，感觉不太舒服。硬撑着忙完店里的事，让老刘送我回家。然后他去喝喜酒了。

到家找温度计发现坏了，赶紧先喝了两包药躺下。害冷、眼疼，应该是发烧啦。想量体温，给老刘发信息，让他帮忙接孩子，顺便带体温计回来，并且说很难受。

信息刚发出去，赶紧撤回来。看见自己想求关注，希望得到别人的关心，希望自己比别人重要，狡猾的自我呀！还特意说自己不好受……【看、挖】

机智如我打开了外卖APP，点了药跟温度计，又买了泡面和万能的桃罐头，并给老师发了信息让孩子自己回。【改】

其实自己可以照顾好自己，非要演戏。哈哈！

"自我"会利用一切机会来获得关注。生病了，是一个人最容易编故事的时候。此刻，能看见头脑编的故事，很难得。一旦看见头脑的这种小把戏，小把戏自然就不起作用了。这就是把修行融入生活中。

再看H同学的例子，我认为很难得的例子，一般人做不到。

H同学的情况有些特殊，五十多岁，离异，有两个女儿。大女儿成家立业，小女儿是智障人士，快三十岁了，却只有三岁不到的智商，连上厕所都需要妈妈帮擦屁股，出门也要穿纸尿裤。H同学独自照顾小女儿二十多年，其艰难可想而知，她说自己有好多次绝望到想和女儿一起结束生命。

来看H同学提交的一个作业：

请人过来装空调，没想到挪空调时把家里弄得太脏。

一个人打扫卫生一直到晚上十一点左右。中午没顾上吃饭的我，又饿又累，满头大汗……

女儿故意去把灯关了。她"哈哈哈……"大笑！因为她发现一黑，我就会停下来。

看着女儿，突然升起一种酸楚难过的情绪。觉察到自己的情绪。【看】

自己去打开灯，深呼吸了几下。【盯】

然后哼着小调，继续干活……【改】

当H同学又饿又累的时候，女儿还在搞恶作剧。H同学内心的那种酸楚可想而知。以往，她会陷入痛苦之中，对她来说，生活真的太不容易了。头脑会开始编故事，会回忆那些辛酸和痛苦，越回忆越觉得痛苦，还会担忧未来，未来的日子怎么过？看不到希望啊！这是她的模式。但这一次，当"酸楚难过"出现，H同学马上看见，这个模式，自动瓦解了。

这种能打破以往的模式，能不被旧习气控制，只要出现一次，就算有进步。

有些习气和模式是隐藏的，它根本不会给你带来明显的情绪，只是悄悄影响着你的行为，觉察不够细微根本发现不了。但只要你觉察力足够强，它会无处遁形。

X同学是一位职场精英、企业高管。看看他提交的觉察作业：

今天队友说要给我去买鞋，我们一起去商场，看到了一双清货鞋，99元。

队友问我可以不？我看到自己嫌弃的念头。【看】

我认为贵的才好，有分别、虚荣心。【挖】

我主动拿着鞋子试了下，跟她说很不错。看到她又拿了双新款的要给我试，我看了看说，不试了就这双了，开心地决定了。【改】

如果X同学没有这次经历，他很难知道自己还有这种习气：我这个身份，不会穿那种打折清仓鞋的。而且，一般线下买东西，总会比一比、挑一挑，但X同学在改的时候，这个比较挑选的习惯，害怕吃亏的习气，也自动消失了。

退步原来是向前

修行不是为了成为一个好人。如果你为想变成一个好人而修行，你可能会感到失望，特别在最初一段时间后。

在"必经之路"，我常听到有同学说，以前我觉得自己挺好的，我善良，很孝顺，为人着想，但学会觉察之后，我发现自己好像很不堪，根本不善良，也不够孝顺，还很爱计较，哪里都是问题。有个小学老师说，我以前觉得自己是个好老师，还获得过很多奖，但这段时间，我发现自己其实很自私，给小朋友发几颗糖，内心都有期待，对学生好，也不够纯粹，更多是希望他们更听话，自己更有荣誉……

看，修行，让他们"变差"了，不如以前了。

可能并不一定。修行，是让你认识自己。以前你总觉得自己还不错，那只是你觉得，或者只是外表看是如此。你遇到事情，习惯找别人的问题，习惯推卸责任，习惯维护自己，对自己宽松，对他人严格，放大自己的付出，忽视他人的优点，这些都是"自我"的模式。如果你不看清这些模式，就会被"自我"欺骗：我很好，问题都是别人的。而修行，是向内求，看自己的问题，一点一点认识自己，自然能看见自己很多问题。因此，并非修行让你变差了，而是你以前不知道自己原来这么差。

修行也不是为了让你过得越来越顺。如果你是为了越来越顺而修行，可能会感到失望。

上次有个企业家同学跟我说："我修行后，公司业绩好像越来越差了，怎么会这样？"

提这种问题，在他内心里是把修行和业绩挂钩的。上次还有人问我："为什么我念诵《地藏经》后，就容易和家人吵架？"这种关联，没有任何逻辑，或许她吵架的前一天，还打了个喷嚏，但她不会问为什么我打完喷嚏后容易和家人吵架。上次还有个读者给我留言："蓝狮子，为什么自从你走上修行之路后，国内互联网环境每况愈下？"什么？我有这么大影响吗？

然而，老板开始修行后公司业绩变差了，也不一定和修行没有关系。当一个人开始修行，认真对待修行，很多世俗的欲望会开始减弱。类似对金钱的欲望，对胜利的渴望，对名利的追求等。当这些欲望减弱，把企业做大做强的动力自然会减弱。另外，一个真正的修行人，能看见自己的起心动念，以前的一些上不得台面的手段自然也就不会用了。这样公司业绩有波动，也很正常。

这样，在他人眼里，在自己心中，自从开始修行后，你过得好像还不如以前了。

老子说：明道若昧；进道若退；夷道若纇。意思是：明白了道的人看上去有些蒙昧，修行进步的人看上去像退步了，平坦的大道看上去好像崎岖不平。

其中的进道若退，就是之前我们提到的现象。修行的标准和世俗的标准是不同的，按照世俗的标准看，好像退步了，但实际是修行的进步。

反过来讲也成立的，当你开始修行，如果用世俗的标准发现自己退步了，那很有可能是你修行进步了。

听说唐代有个得道的和尚，时常背着袋子行走社会各阶层行慈化世，人称布袋和尚。有一天布袋和尚来到乡间，看见田里有农民在插秧，于是写了一首诗：

手把青秧插满田，低头便见水中天。
六根清净方为道，退步原来是向前。

——布袋和尚《插秧诗》

并非说修行进步，一定会导致世俗的工作和生活退步。二者之间并没有必然的联系。

"必经之路"的同学中，有几位是在大企业做高管，也有自己创业的，他们学习了觉察，处事更加淡定自若，效率更高，很短的时间，有的业绩提升明显，有的在公司得到了晋升。也有不少同学，开始修行后，学会向内求，更多发现自己的问题，亲子关系、亲密关系、婆媳关系、同事关系等都有明显的改善。

修行不是为了快乐，不是为了变得善良，不是为了过得更好，那又有什么用？

修行可以让人增长智慧，让人认识真相，让人得大自在。这么说过于笼统。如果你还要继续问，那就是：**我们无法决定生活，但修行可以让我们决定如何面对生活。修行可以让我们有能力面对一切困境。**

分享下H同学（前面提到的那个独自带着一位智障女儿的妈妈）的故事：

H同学说，以前她一遇到事情，就会给大女儿打电话或发消息，一天好几次，要是女儿回复晚了，自己会抓狂。学会觉察后，她的习惯完全变了，现在成了每次大女儿打电话给她，她说自己很忙，要照顾妹妹，要打坐，要练习觉察，稍后再说。一段时间后，大女儿说："妈妈，你终于长大了！"

除了日常生活照顾，小女儿一到晚上常常会大喊大叫。以前H同学遇到这种事都既惊恐又痛苦，甚至产生"要不一起死就解脱了"的想法。而现在，H同学说，每次遇到小女儿大喊大叫，自己就开始观察自己的念头，观察身体的感觉，看看恐惧和烦恼从哪里来，是什么样子，又消失在哪里。就这样，发现小女儿大喊大叫，好像也没什么大不了的，过去就好了。

H同学说，现在，小女儿好像也有些改变，因为她可以肆无忌惮地闹。自己也变得自在了，只是看着，不被对境带走。

H同学说，昨天，小女儿端了一杯温水递了过来，说："给！"H同学顿时泪奔了，说这是三十年来，女儿第一次给自己端水。H同学接过水放一边，紧紧地抱住女儿说："妈妈爱你，你是妈妈最乖的宝宝！"

三个指标

衡量修行是否有进步，主要看智慧是否增长。虽然智慧无法衡量，但可以反映到人们日常生活中。练习觉察有没有进步，可以从三个方面衡量。

1. 情绪指标

情绪指标包括情绪爆发的频率和被情绪影响的时间长短。你可以记录自己每天发脾气的次数，记录自己内心抱怨他人的次数，记录两个星期。你还可以记录每天觉察到情绪的次数，一些小情绪，只要提起觉察，情绪会很快消失。一天两天的数字不一定能说明问题，但半个月，肯定能看出来效果。

2. 执着减少

看看自己执着的事情是不是越来越少了，以前看不惯的某些事情，现在会不会不在意了。有个妈妈以前总会在儿子睡觉前烦恼，因为儿子太顽皮，不能乖乖睡觉，刷牙都会躲到衣柜里去。后来妈妈一点都不焦虑了，接受了儿子的所有行为，偶尔还会跟儿子一起胡闹一番。这就是执着减少了。

3. 他人的评价

有时你觉得自己进步了，但事实不一定如此，或者说进步太小，不足以让他人觉得你有变化。周围的人对你的评价是很重要的验证指标。最好不是你主动问，而是让对方自己感觉。一段时间后的某天，你家人说："呀，你最近好像变了啊，没有以前那么容易生气了。"那说明你真的有进步。

以上三个指标，是可以综合衡量的。

想起一个故事：

楚国有个过着贫穷生活的人，读《淮南子》，看到书中写有"螳螂伺蝉自障叶，可以隐形"。于是，他便站在树下仰面观察树叶。当他看见螳螂攀着树叶侦候知了的时候，他便把这片树叶摘下来。

不小心，这枚树叶落到树下，和树下原先的落叶混在一起，分辨不出哪片是螳螂隐身的那枚。楚人便扫集收取树下的几筐树叶拿回家中，一片一片地用树叶遮蔽自己，问妻子说："你看不看得见我？"

妻子开始总是回答说："看得见。"

经过一整天，妻子厌烦疲倦得无法忍受，只得哄骗他说："看不见。"

楚人暗自高兴，他携带着树叶进入集市，当着别人的面拿取人家的物品。差役把他捆绑起来送进了县衙门。

生活中也有类似的故事。

"必经之路"的一同学带着女儿一起过来看我。我问她最近状态如何，她说变化非常大，然后转头问女儿："你说，妈妈是不是变化很大，是不是没有以前那么爱发脾气了？"

女儿一脸尴尬，说："嗯，是的。"

同学很高兴，我在一旁哈哈大笑。

当你过于期待自己的进步，总想检验一下时，也可以运用觉察，看见！这也是一种执着，太看重自己。

某一天，当你不再关心自己的进步与否，只是关心他人的痛苦有没有变少一点；当你不再关心自己的得失，只是关心世界有没有变得美好一点；当你不再关心自己能不能去极乐世界，只是关心他人有没有走上修行之路。那时，说明你修行真的进步了！

你或许会说："那不是我的目标，我没这么高尚！"

不，这根本不是高尚与否的问题。

当那天到来的时候，你的"自我"已经消失。当"我"都已消失，"执着"能依附何处？又哪会有烦恼呢？当"自我"消失，"真我"就出现了，慈悲也就出现了。那时，你会爱众生，如同以前爱自己。

修行，我有个口诀，也教给你：自己最差，老实听话！

别想太多，听话照做就好。一开始可以给自己定个小目标：坚持练习一百天。

问与答

1. 怎样把觉察运用到生活中，比如帮助生重病的人来修行静心？

答：本书的第六章、第七章都是在讲如何把觉察应用到生活中，但这是要求自己的。所有的修行，都是用来要求自己，不是用来要求别人的。也不要想着教别人修行静心，哪怕是你的至亲。菩萨不想改变任何人，他尊重他人的生活方式，使用他们的语言，让他们依照自己的本性转变，而不是让他们成为自己的翻版。不要试图用修行的方法改变他人，这很重要！

面对那些不懂修行的人，你能做的是演戏，用对方习惯的方式安慰他。

2. 觉察之后要改变行动，邻居天天往我家门口放垃圾，以前天天吵，生气，现在知道觉察情绪了，那我就天天给她倒垃圾吗？

答：觉察，不是为了让你做个好人，而是让你降伏自心。邻居天天往你家门口放垃圾，你可以给她倒垃圾，你也可以不给她倒垃圾，但你不要让自己被此事挂碍。

你以前不会觉察，你只能生气，然后和邻居吵架。现在你会觉察，看见情绪，你可以做任何选择。例如，你可以把垃圾给她放回去，可以和她好好谈谈，可以给她写个便条。我以前写文章，有人留言骂我，我笑一笑，然后把他拉黑了。拉黑他，不是因为我生气，而是我觉得拉黑这个方式比较好。但我不挂碍这件事。

3. 练习觉察一段时间后，觉得看淡了一些事情，但周围的人，尤其是父母，会觉得自己变得越来越"冷漠"，他们很不适应。比如：亲戚朋友之间的应酬往来，会越来越不喜欢参加。该怎么办？

答：首先这本身不是问题。你看淡一些事情，说明你不再执着那些事情了，觉得那些事情意义不大，因为有更有意义的事情值得去做。就像亲朋之间的应酬，就像同事之间的职位竞争，就像是否拥有豪车豪宅，这些都不再那么重要。

小男孩喜欢玩托马斯小火车，当他长大了，成了大人，就不喜欢玩这些玩具了。大人有了新的追求：事业、金钱、权力、亲人等。这些追求，不也是大人的玩具吗？当你智慧增长，你会发现，大人的玩具也是玩具，执着于它们，和执着于托马斯小火车本质是一样的。此时你有了更高的追求。

当然，一个真正有智慧的人，会让人如沐春风，不会让人觉得"无情"。虽然你看破了游戏，但偶尔玩一玩游戏不算是问题。就像你偶尔陪小孩玩玩托马斯小火车，也可以的。能做到和光同尘，需要更高的智慧。

修行，不会让人冷漠。修行，让你认识自己，认识生命。生命是流动的，生命本身是爱，爱怎么会冷漠？修行会让你变得真实、勇敢、纯粹。就像你本来不喜欢应酬，但为了在朋友间留个好印象，你假装喜欢应酬，这就是虚伪。现在你不在意他们的评价，你表达的是真实的自己。这是勇敢，不是冷漠。修行不会让人冷漠，相反，你修行时间越久，你越会爱上这个世界。你会爱每一朵花，每一片云，你会爱每一个人，你会爱上生活中每一件小事，包括你的噩梦和脸上的粉刺。

4. 请教老师，生活中工作中如何对治挑别人毛病的习气？越是自家人越容易挑刺，不能及时升起慈悲心。以前老师讲过对治口诀：自己都这么差了，还好意思挑别人毛病？事后才想起口诀来。

答：针对这个问题，宗萨老师如是说：

"与任何人相处，时间长了肯定都能看出毛病，因为眼睛就是业力专门为我们准备的。因此，我们需要认清自己的评判标准来自自我，而不要轻易评论他人的是非功过。其实，你看到的，只是业力允许你看到的。我喜欢的一定是我缺失的，我讨厌的一定是我已有的，于是释怀！"

当你想挑人毛病时，要及时看见。然后想起这段话。是的，你喜欢的一定是你缺失的，你讨厌的一定是你也有的。

龙洋老师如是说：

"我们生活在人间，没有一个人是没有缺点的，如果没有缺点，那就是佛，不会在人间。要是在人间的话，就是为了度化众生而来的。只要是众生，肯定就有缺点，缺点重重才会在六道中轮回。即便他有一点点优点，也值得我们学习，值得我们惊叹：'作为众生，他们竟然有优点！'哪怕只有一两个优点，也要看成是了不起的事情。"

5. 有老师说：所有的一切都是福报的呈现。当遇见有岗位提升的时候，是随世俗去请客送礼抓住机会，还是默默努力工作，等待机会？

答：这个问题很有意思。从修行角度讲，怎么做不是关键，需要看见自己的欲望才是关键。

还要看见"自我"的把戏：都是福报的体现，所以我去请客送礼也是应该的。这就是典型的用"修行"来加强对"自我"的执着。

如果你真想修行，看见自己这种强烈的欲望，对治方法就是：反过来做。甚至连努力工作等待机会的想法都不要有。老板要提拔你，你可以推辞：嗯，可以先提拔别人，我再等等可以的。

"自我"会用各种方法来维护自己，包括修行。修行，是让我们放下执着。包括对晋升、金钱的执着。如果看见了自己在这方面的执着，对治方法，就是"反过来做"。然而，修行并不是让我们不接受晋升，不涨工资。而是让我们不要执着这些。有，挺好；没有，也挺好。

你仍然可以努力工作！但努力工作，是真的为了工作，为了服务客户，为了服务学生，而不是为了晋升！

思考
与
练习

1. 再谈谈你对在生活中修行的理解。
2. 一个人修行状态好，可能会有哪些征兆？
3. 给自己制订一个在生活中修行的计划。

第八章
提升见地

能放得下一切，是智慧。

能容得下一切，是慈悲。

——秋竹疯子

佛法中讲"闻、思、修"，闻思修的结果，是智慧生起。智慧生起会反映在两个方面，一方面是你处理很多事情时更恰当，另一方面是你的见地提升了。当你见地提升了，很多烦恼不再是烦恼，问题也不再是问题。**修行是认识自己的过程，是智慧增长的过程，也是见地提升的过程。**

想象一个场景。

为了生活，为了生计，你每天上班下班，社交应酬。

某天深夜，你加完晚班，坐最后一班地铁回家。

出了地铁站，带着疲惫和倦意，你缓步走在空旷的大街上。忽然，天气骤变，电闪雷鸣，风雨交加。

风雨中，你用随身的公文包顶在头上，但狂风夹着雨水，狠狠地打在你身上，很快湿透了你的衣服，你一切的遮挡和努力都显得那么无力。远方有闪电划过，传来轰轰雷声，仿佛怪兽在怒吼。你有点害怕，顾不上难受，在风雨中奔跑起来。雨水打在脸上，模糊了视线，周围的景物也一片朦胧，仿佛世界只剩下你一个人。你继续奔跑，百感交集，孤独、无助、恐惧、沮丧……

经过努力，你终于回到了家。回家的那一刻，仿佛卸去了所有包袱，难受和恐惧全部不见了。洗了个澡，换了身衣服，泡了一杯热茶，静坐在房里，你看着窗外。风还在刮，雨还在下，大树在风雨中左右摇摆，不时有闪电划过，传来阵阵雷鸣。

此刻的你，只是淡然看着这一切，喃喃道："世界真安静啊！"

一个很普通的场景，但如果你仔细琢磨一下，又会发现其不普通。

为何在风雨中你会恐惧，但回到家后，风雨还在，但你却不恐惧了？

为何你看着风雨，听着雷声，还会觉得这个世界很安静？

把这个场景，对应到修行上，会有不一样的发现。

你坐着，看着窗外风雨肆虐，大树摇曳，没有担心，没有难受，没有欣喜，也没有恐惧，只是看着。这像不像观念头？

当你观念头时，你的念头，就是风雨，就是雷电，但你只是"观"，只是"知道"，不判断，不跟随，不被其带走。

当你被念头带走，会有各种烦恼出现，正如你在风雨中奔跑。

当你提起觉察时，那些情绪都会消失，此刻你回到了家中。

你还不够苦

觉察之道和马步冲拳的共通之处在于，都很简单，入门也容易，但坚持下来不容易。是啊，这个物欲横流、争名夺利的时代，人们看重的是效率，是享受，是舒适，是付出少收获多，是钱多活少离家近，是有名牌包包豪华车子大别墅，有多少人会想到向内求？有多少人能坚持"观念头"这种无聊的练习？它无法让我们变得漂亮一点，无法让我们晋升，更不会让我们有能力换一个大房子。

现代人不只是很难对觉察之道产生兴趣，也很难对修行产生兴趣。很多人一辈子想的就是赚钱、买房、工作、儿女，一谈到修行，觉得这件事和自己没有任何关系，离自己很遥远。嗯，至少我以前是这么想的，这个社会主流思想也是这么认为的。

科学家探索了太空，登上了月球，甚至去了火星，以后还会去更远的地方。人类认识了这个宇宙，却对自己一无所知。人们每天努力工作，拼命赚钱，一直在奔跑，跑得越来越快，但忘了当初为什么要奔跑。奔跑成了目的，因为大家都在奔跑，你要不跑，就会被指责、排斥。

然而，生活会给我们一个又一个教训，一个又一个苦难，让我们不得不思考，为何人生总有这么多痛苦？如何才能解决这些痛苦？科学可以让人不苦吗？科学可以治病，能让人不痛，但无法让人不苦。金钱能让人不苦吗？我不回答。

每个时代，都有智者一遍一遍说着重复的话，那些话就是解决痛苦的答案。每个时代，都有愚者一遍一遍做着重复的事，与智者说的反过来做。不幸的是，每个时代的愚者占绝大多数。

上士闻道，勤而行之；
中士闻道，若存若亡；
下士闻道，大笑之。不笑不足以为道。

——《道德经》第四十一章

上士、中士、下士，你属于哪一类？

当一个人身体健康，有工作有朋友，有儿女有长辈，也有很多烦恼与痛苦，有一天，有人告诉他："要解决痛苦，需要修行，这里有本书《觉察之道》，你来看看吧。"你觉得他有多大可能走上修行之路？一万个人听到这句话，有九千人会不屑一顾，甚至内心嘲讽讥笑；剩下一千人中，其中有九百人会有些疑惑，觉得自己现在太忙没时间，以后再说；剩下一百人会拿起书，其中有九十人只是随便翻翻，看后觉得也就这样；剩下十人，其中有九人认真看了，觉得还不错，有点意思，然后该干吗继续干吗去；最后一人认真看了，觉得这个方法不错，真的开始好好练习，从此走上了修行之路。

走上修行之路的这个人是孤独的，也是幸运的，他会看到不一样的世界。这需要运气，或者说，这需要福报。我一直觉得：这个时代，能对修行产生信心，能遇到觉察这个方法，而且能升起信心，需要莫大的福报。你或许觉得，自己就是不经意间知道了这个方法。你以为的"不经意"或许就是很深的缘分。一次，我给几十个同学做关于《觉察之道》的分享，看见了几位同学的面容，我忽然想起很多事，我等了他们很久了，有一千年吗？当时，我泪流满面。是的，就是这种感觉。上次有个学习了《觉察之道》的同学说，太不容易了，我用尽了所有运气，才让我遇到了这个方法。

走上修行之路的人是幸运的，也是孤独的，他会面临很多质疑和嘲讽。谁叫他和大众不一样呢！人们总会排斥那些异类。

耶稣是犹太人，他觉醒后，最后被犹太人钉在了十字架上；苏格拉底是智者，他教导人们真理，最后被他的同胞毒死；布鲁诺提出地心说是错的，地球围绕太阳转，他被判处死刑，被活活烧死。大众之中出了一个智者，这个人会让周围的人显得很愚蠢。但谁会愿意承认自己愚蠢呢？拒绝这个观点的最好方法，就是把那些智者干掉，至少是排斥在外。

因此，那些愚蠢的人总是喜欢听奉承的话，他们参加各种无聊的聚会，毫无逻辑地赞美他人，也听他人对自己的赞美，好像这样自己就不愚蠢了。

当一个人走上修行之路，哪怕他只是在家练习静坐，周围的人也会认为他不正常。但如果他每天在家刷视频、打麻将、玩游戏，周围的人会认为这很正常，心想：真好，他和我们一样！

在生活中修行，不要试图改变别人，也不要试图教导别人。不要跟他说：你的痛苦来源于自己；不要跟他说：你的抱怨没有意义；不要跟他说：你有烦恼是因为你没有智慧；不要跟他说：想要解决痛苦，你就需要向内求，需要修行。你说这些，会显得你比他高明，显得他比你愚蠢。谁愿意承认自己愚蠢呢？沉睡的人，总是不愿被打扰，无论什么原因。他们会莫名其妙发脾气，听不进去任何解释。哪怕是睡了一觉早上醒来，很多人还有起床气，不是吗？

因此，当你开始修行，不要试图改变他人，也不要试图教导别人。对自己严厉，对他人随缘。这是修行方法，也是一种保护，还是一种智慧。

面对身边亲人朋友受苦，就不管不问吗？

当然不是，这需要分几层解释。

首先，你要确定自己有没有这个智慧。我身边有个朋友，父母年纪大了，还是经常吵架。他们一吵架，朋友就会受不了，找各种办法制止他们吵架。最后结果可能吵得更厉害了。因为多了一个人参与吵架，也可能表面上不吵了，但大家都很痛苦。这就是没有智慧的表现。我对朋友说：你把一个不稳定因素，放到另外一个不稳定的环境中，只会让那个环境更不稳定。是的，朋友自己就是那个不稳定因素。

其次，你要确定他们有没有这个缘分。有人觉得学佛好，就劝身边人学佛，觉得吃素好，就要求身边人吃素，觉得抄经好，就要求身边人抄经。结果呢？让身边受苦的人多了一项苦。

最后，受苦真的不好吗？这个问题很傻，因为没人愿意受苦。但受苦也有其积极的一面。很多人加入"必经之路"，走上修行之路，其原因是之前受了很多苦，一直没有找到解决方法。有人说，上半辈子受的那些苦难，原来是为了让自己能走上修行之路。佛法中讲，受苦，是消除业障的一种方法，当业障消除了，福报也就好了，自然也就走上了修行之路。从修行本身讲，顺境安逸，般若无缘。意思就是如果生活太顺了，很难增长智慧。是啊，父母吵架，就让他们吵一会儿，怎么啦？朋友很颓废，就让他颓废一阵，怎么啦？小孩很焦虑学习，就让他焦虑一段时间，也没关系吧？

熟睡的人，都不希望被打扰。

有人对修行还不感兴趣，可能是因为他还不够苦。

利他不一定是修行

之前提到，利他是放下执着很好的方法，也是在生活中修行很好的方法。但之前也提到，修行，不是为了让你变得更善良。因此，你需要明白利他的原理，明白为什么要利他。否则，利他不一定是修行。

我知道一个慈善家，他过去几十年，做了很多慈善事业，捐款总额以亿计。上次有个朋友去拜访他，他带这位朋友参观了一个自己布置的展厅，展厅内摆满了各种捐赠证书，三千多个。他的办公室，也挂满了和许多重要人物的合影。他说自己犯愁的是，展厅建得太小，还有一些捐赠证书没有摆出来。

你觉得这位慈善家修行如何？我很赞叹这位慈善家的精神，但他这不是修行。

我想起这么一个故事。

禅宗初祖达摩祖师来到中国。

梁武帝问："朕一生造寺度僧，布施设斋，有何功德？"

达摩言："实无功德。"

——惠能《六祖坛经·疑问品第三》

这两个故事有些类似，都算利他，但都不算修行。

我身边有个朋友，他很想好好修行。他说自己不知道该如何修行，但利他总没错。生活中，他也确实热衷于帮助他人，无论是帮助别人找工作，捐款捐物，还是参与公益慈善等，他都很乐意做。但几年过去，他有些沮丧。因为他师父说他修行还没入门。

我了解情况后，跟他说："你师父说得很对，你是真的没有入门。"

朋友问："利他不就是修行吗？我做了这么多事，付出这么多精力，花了这么多钱，为何还不算入门？"

我说："只要不朝心上下功夫，都不算是修行。"

如果一个人做利他的事，不能足够"纯粹"，而包含了很多其他目的，例如为了让自己有名气，为了得到大家的赞扬，为了让自己的企业有更多的客户等，这些都不算修行。

修行，要从心上下功夫。

在"必经之路"，有人申请在线下开一家智慧栈[1]，本意不是真的认为抄经很好，想让更多人过来抄经，而是觉得组织这种活动，可以带来一些客流量，对自己的生意有帮助。这种，表面上是在利他，但内心还是在利己。这就不算修行。然而，当一名智慧栈栈长看见了自己想要利己的"念头"，看见了自己的不纯粹，在后面的活动组织中，绝口不提自己的商品，真心为他人服务。这个变化，又是很好的修行。在他人眼里，什么都没变，栈长还是如往常一样组织活动，但对栈长来说，以前不算修行，后面又算修行。

修行，论心不论迹。

上次提过"必经之路"同学的作业，再回顾一下：

1　"必经之路"智慧栈，是组织抄写经典的线下空间，由"必经之路"提供物料和流程指导。

1. 去麦当劳，买了套餐未吃完，要了个袋子打包带走，售货员问："带啥酱不，番茄酱什么的？"我眼一亮，好吃的酱！看见自己想占便宜，说："不用了，谢谢你。"
2. 去和好友买奶茶，用小程序操作可以有优惠。结果弄了几次无果，我想直接买单，看到自己好面子，担心别人说我爱占便宜。跟好友讲："我们坐这再试一下，能优惠些也挺好。"

　　两个很平常的生活场景。第一个例子中，该同学看见自己想占便宜的念头，于是选择了不占便宜。第二个例子中，该同学看见自己好面子的念头，于是选择继续占便宜。这都是在生活中修行。不在于是否占便宜，而在于是否在降伏自心。

　　再看一个"必经之路"G同学真实的故事：

　　G同学是个投资人，以前投过一些公司。有的公司没做起来，投资也就泡汤了；有的公司做起来了，越做越大，那投资就可以赚不少钱。

　　G同学之前投资的一家公司发展不错，公司准备进行下一轮融资。因为G同学的投资金额不大，所以公司老板想让G同学退出，这样对谈下一轮融资更有利。当公司老板提出希望G同学退出的时候，G同学当时情绪就起来了，因为退出意味着无法享受公司以后发展带来的利益。

　　在这一刻，G同学看见了自己的情绪，也看到了自己的欲望。

　　他和公司老板说："公司现在发展得不错，我是投资人，当然想赚更多的钱。但如果你觉得我的退出，对公司发展更有利，那我答应退出。哪怕是按照原价值退出，也可以的。"

　　无论最后G同学是否退出那个公司，在他看见自己情绪和欲望的这一刻，就是修行。这就是从心上下功夫。

　　"必经之路"的"必"字，也很形象，是"心"上插一把刀。敢朝自己的心开刀，才是修行。

　　我曾经给"必经之路"天空训练营的同学写过一段话：

你想要加入的，
是真正的必经之路，
一定不会是你想象中的模样。

这里不是为了让你做个好人，
不是为了让你变得善良，
更不是为了让你变得高尚。

你需要面对的是一条不归路，
一路荆棘丛生，
道阻且长！

自尊被挑战，
面具被剥落，
保护的外套再也找不到。

前有悬崖，
后有虎豹，
你发现自己无路可逃。

你会听到一个声音：
跳吧！
勇敢地一跃！

一面是危险，
另一面还是危险。
但你必须选择。

你需要跨出那一步，
那未知的一步，
你需要开始那勇敢的一跃。

那一跃，
超越喜悦与痛苦，
超越荆棘与岁月！

这是一条勇士之道。
不要轻易踏上，
因为没有退路。

狗叫也是一种静心

我们生活几十年，不知不觉养成了许多习惯，形成了许多认知，这些习惯和认知，会影响每个人对待这个世界。

讲一讲我自己的经历。

我一直觉得吵架是不好的，父母一吵架，我就焦虑，希望他们停下来。相信很多人和我一样，家中有一对吵架的父母。也相信很多人和我一样，一遇到父母吵架，自己总会上去劝架，劝不了时，甚至会发脾气来阻止他们吵架。然而，好像没有什么用，过不了多久，他们会继续吵架，然后我又继续劝架、发脾气。日子就这么过着。

某一天，我忽然明白了一个道理：吵架，是我父母的生活方式。每个人都有适应自己的生活方式，他们选择了适应自己的生活方式，有对错吗？当我明白这个道理后，我发现父母的吵架不再影响我了，反而显得有趣起来。他们吵架，我会看着，偶尔还会演戏，说："老爸太过分了，老妈你要不和他离婚算了，跟我一起住！"此时，老妈愣了一下，然后说："离婚倒不至于。就是有时太气人了！他年轻的时候也这样……"

我想起我的外公外婆，他们也是一直吵架，几乎每天都会吵。后来外婆因病去世，不过一年多，有点老年痴呆的外公也去世了。留心观察，身边类似这种的夫妻还不少。

"必经之路"的S同学，是两个小孩的爸爸，有一天他交了作业：

我在抄写《心经》，忽然听到外面传来吵闹声，是老大和老二又在争吵。刚才还玩得好好的，也不知发生了什么，又开始吵了起来。

我有些生气，看见自己的情绪。是他们影响我抄经了，而且我不喜欢他们吵架。想起蓝狮子说狗叫也是一种静心，我决定不像以往一样去调解，而是继续抄经，让他们吵一会儿。

半个小时后，我抄完经，发现吵闹声早已停止。来到客厅，发现老大和老二在一起快乐地玩托马斯。我好像明白了什么！

S同学不希望孩子吵架，每次遇到孩子吵架，他都会出来调解制止，实在解决不了，就各自骂一顿。然而，这次他选择了什么都不做。其结果是，孩子的吵架停止了。这次的结果，比以前还要好。如果父亲大骂儿子一顿来制止吵架，估计儿子和父亲的内心都不平静。

两人吵架本身是不安定的环境，另一个人，如果也带着情绪，那他是不安定因素。把一个不安定因素加入不安定环境中，只会让那个环境更不安定！这也是为什么，有时我们的劝架，不仅解决不了问题，反而让问题更加严重。这就像本来一杯浑浊的水，再加入一条游动的小鱼，水会越来越浑浊。

来看一个故事：

B同学和父母住在一起，父母总是吵架。B同学以前特别在意，后来在"必经之路"学习在生活中修行，觉得应该接受父母的吵架。菩萨不想改变谁嘛！改变不了就接受他们。她是这么想的。但前几天父母吵架，她实在受不了了。因为妈妈刚手术结束不久，医生说情绪不能激动，但妈妈总是喜欢叨叨老爸，然后两人就会吵起来。

前几天，父母又吵了一架。B同学提起觉察，没有说话。之后陪妈妈散步，来到湖边，实在忍不住了，就开始教训妈妈："你都七十来岁了，怎么还因为这么点小事和爸爸吵，还能活多少年，你看你，过去……"

B同学说了一会儿，妈妈受不了了，情绪很激动地说："不要说了……"

B同学后来说："我能接受父母吵架，但不能接受让吵架伤害妈妈的身体啊！所以我才提醒妈妈的。"

我听了这个故事，哭笑不得。B同学没发现逻辑的荒唐之处：本来吵架没有伤害她妈妈的身体，但B同学不许妈妈吵架这件事反而伤害了妈妈的身体！这就是把一个不稳定因素加入另一个不稳定环境中，导致问题更严重了。

而且，"自我"是真的狡猾。B同学内心一直放不下父母吵架，但蓝狮子说了，父母吵架也是他们的静心，于是B同学的"自我"就找一个理由：我可以接受他们吵架，但不能接受他们因为吵架而伤害身体！"自我"就是这么厉害：我可以接受女儿成绩不好，但不能接受她只考五十九分。

"必经之路"的E同学有苦恼，来自家人的苦恼。

弟弟成家了，也四十岁了。但过去十几年，一直出各种状况，每次都是E同学帮忙善后，劳心劳力，还要花很多钱。如果E同学不处理，妈妈就一哭二闹三上吊，逼迫这个当姐姐的去处理。

E同学被折磨得不行，自己精疲力竭，又无力改变。

我看后笑了，回复：

夜晚狗叫，是一种静心，那是狗的静心。
小孩哭闹，是一种静心，那是小孩的静心。
父母吵架，是一种静心，那是父母的静心。

本来世界很正常，
但你认为狗叫不好，
总想让狗不叫。
你总想制止小孩哭闹，
总想让父母停止吵架。
于是，这个世界再也停不下来。

某一天，
当你安静下来，
你发现，
原来狗也不是一直在叫，
小孩也很少哭闹，
父母的吵架早已停下。

回到本章开头，为何你回到家后，风雨交加已经不再影响你了？

因为那一刻你明白，风雨交加，也是一种静心，那是大自然的静心。

当你在静心，全世界都在静心。

此刻的你，就是此刻的你

有个道理很简单，每个人都认为是对的，却又不能认同。

一台电脑，根本就不是一台电脑，只是由显示器、各种芯片、各种零配件组成，再分细一点，都是各种分子、原子、电子结构。这个道理，上过高中的同学应该都能理解。同样，一辆汽车，也根本不是一辆汽车，是由轮胎、方向盘、发动机、铁皮等各种零配件组成，同样也是由各种分子、原子、电子组成。所以，我们说一台电脑、一辆汽车，只是一个概念而已。同样，一个人也根本不是一个人，是由脑袋、四肢、内脏、躯干组成，同样也是由各种细胞组成。

这个道理，每个人都认为是对的，但平时还是会说一台电脑、一辆汽车、一个人。而且，在人们的头脑中，根本不是把它们分开看的，认为它们就是一个整体。所以，每个人又不认同。

据说在一天二十四小时内，人的身体内会发生约六十四亿零九万九千九百八十次的生死起落[1]，大约每一秒钟有七万次生灭。也就是说，现在这一刻的你，不再是前一刻的你。你当下的每一刻，都是新的。新得不能再新，都已经经历了七万次的生灭。

你或许能理解，但还是不认同。因为这一刻的我，是上一刻的延续啊。

你捡来一捆树枝，点上火烧了。没多久，柴烧完了，只剩下灰烬。请问：灰烬是树枝吗？当然不是。树枝是树枝，灰烬是灰烬。灰烬和树枝，都是单独的。不是吗？灰烬再也无法变成树枝。我相信这个道理你能理解，也认同。那为什么不能认同这一刻的你和上

1　道元禅师说这是某佛经上的记载，我没找到出处。按照现代科学理解，完全有可能，身体由无数细胞组成，所有细胞一天的新陈代谢，有六十四亿次，并不稀奇。嗯，稀奇在于，佛陀在两千五百多年前就知道了？

一刻的你也是单独的呢？

其实，每一刻都是全新的你。

还记得我之前说的吗？当你提起觉察，当下这一刻，你就是智者。六祖惠能说：**一念迷，佛即众生；一念悟，众生即佛。**当你提起觉察的这一刻，你就是佛。这么说，也不准确。其实你一直是佛，只是当你没有提起觉察时，你没有活成佛该有的样子。当你开始觉察，就是佛在觉察。

每一刻都是全新的你。明白这个道理，再回想《金刚经》讲的三心不可得[1]，是不是有了更多的领悟？

再举两个小例子。

有个刚当妈妈没多久的同学，跟婆婆大吵了一次。吵架的原因很简单，就是因为婆婆问了一句"你奶娃了吗"，同学受不了了。因为婆婆每隔两三个小时都会问一句"你奶娃了吗"，这个同学说自己都快疯了。

如果有人不能理解这种感觉，可以回想一下《大话西游》中的情节，孙悟空为何要打死啰唆的唐僧。如果同学真的理解，每一刻都是全新的自己，当婆婆问"你奶娃了吗"，她会说："嗯，刚喂完了。"就这么简单。当下该如何回答就如何回答，而不是想起：过去婆婆总是这样，烦都烦死了，未来若还是这样，我怎么受得了！

"必经之路"还有个经典的故事，就是朱平家的窗户。朱平同学和先生关系不错，但有一件事只要出现，就会吵架，吵了十多年也没改。这件事也很小，就是先生把充电线从窗户牵出去给电动车充电，充完电，常不记得关窗户。朱平每次都提醒，但先生还总是忘记。朱平同学做了各种努力，包括把充电线藏起来，甚至剪断，但先生仍然改不了，时不时还会忘记关窗户。到后来，朱平同学放

---

1 《金刚经》第十八品中提到"过去心不可得，现在心不可得，未来心不可得"。

弃了，只要发现窗户没关，就会跟先生吵一架。

关窗户需要几分钟？吵架又需要花几分钟？人看上去是理性的，但有情绪时就是愚蠢的。生活就是这些鸡毛小事，讲清楚了就显得很无聊。如果朱平同学真的理解，每一刻都是全新的自己，当发现窗户没关，自己上前关了就好。就这么简单。当下该做什么就做什么。每一刻都是全新的自己，每一刻的先生也是全新的先生。

每一刻都是全新的你。此刻的你，就是此刻的你。不是过去，也不是未来。

我是谁

你每天都在说，"你伤害了我！""我好累！""我的工作""我的朋友"，这里的"我"，到底是谁？

你以为的"我"，只是所有想法的组合，所有见闻的组合，所有习气和模式的组合，所有念头的组合……

美国著名灵性诗人沃尔特·惠特曼写过一首诗：

有个孩子天天向前走，

他第一眼看到哪样东西，他就成了那样东西，

那天，或那天的某个时辰，或在许多年里，

或年复一年，那样东西成了他的一部分。

早开的紫丁香成了这孩子的一部分，

还有草，白的红的牵牛花，白的红的苜蓿，鹟鸟的歌声，

还有三月里下的羊羔，母猪的一窝粉红的猪崽，马的驹子，母牛的犊子，叽叽喳喳的雏鸟，

还有那美丽奇妙的池水，还有那么奇妙地在水下悬浮的鱼，

还有长着优雅、扁平的头的水草，都成了他的一部分。

四月和五月的田间幼苗成了他的一部分……

——沃尔特·惠特曼《有个孩子每天向前走去》[1]

你和这个孩子一样。当你还是个孩子，每天向前走去，走着走着，就长大了。这期间，你经历的一切，就组成了你自己。你以为这就是你自己。当你明白这个过程，你会觉得荒唐。你以为的自己，不过是一堆见闻、经验、想法、习惯的组合而已，也就是说，这些都不是真正的自己。

那真正的你是谁？

我听过一个故事。

苏格拉底是名智者，古希腊伟大的哲学家，和老子、孔子差不多一个时代的人。在其七十岁时，苏格拉底被雅典法庭以"不敬神明""信仰新神""蛊惑青年"罪名审判，最终被判喝下毒酒。

听说在苏格拉底喝下毒酒后，他的学生们都非常伤心，围在他身边哭泣。此时，苏格拉底说："你们不要哭，不要打扰我，我正在体验死亡。这个机会太难得了，我必须认真体验。"

"现在我的脚没有了知觉，但我感觉自己还是完整的，说明脚不是真的我。"

"现在我的下半身都没有知觉，但我感觉自己还是完整的，说明下半身不是真的我。"

"我感觉我的内脏在停止工作，痛苦很强烈，但我感觉自己还是完整的，说明这些都不是真的我。"

"接下来要到喉咙了，这个估计是我最后的话语，我的喉咙开

---

1 摘自《草叶集：惠特曼诞辰 200 周年纪念版诗全集》，沃尔特·惠特曼著，邹仲之译。

始失去知觉，但我感觉自己还是完整的，这说明……"

到这里就结束了。

这是苏格拉底给他学生上的最后一课。在他死亡的时候，他一直是完整的。他知道那些死去的都不是自己，而自己是那个"不死"的。每个人真正的"自己"都是那个不死的。

当你在观念头，你注意到念头。当上一个念头消失，下一个念头还未出现时，念头与念头之间的间隙产生了。一定是有间隙的，否则，那就成了一个念头了。就像说话声音一样，音和音之间是有间隙的，否则你听不清别人说话。

有念时，知道有念。无念时，知道无念。当念头都没有的时候，什么都没有，那谁知道？没有主体，没有客体。

是的，**真正的你就是那个"知道"，就是那个不生不灭不垢不净的"觉性"**。就像苏格拉底临终时教导学生的，死去的那部分并不是自己，知道自己正在死去的那个"知道"才是自己。

这有点难理解，但也好理解，只是你不习惯那种方式。

好比你家门前有一条河，你从小就知道。你七岁的时候，看着那条河，你知道那是一条河。等你到了七十七岁，你老了，走路也颤颤巍巍时，你看见那条河，你也知道那是一条河。

过了七十年，你从小孩变成了老人，那条河也从清澈变得浑浊，一切都变了。有什么没有变吗？有的，那个"知道"没有变。你小时候的"知道"和你老年时的"知道"，都是"知道"，它从未变过。

如果你要问"真正的我是谁"，真正的你，就是那个"知道"。真正的你，是那个"知"，也是那个"道"。[1]

---

1 还记得练习座上修的口诀吗？知道有念，知道无念，知道就行。此刻，你也知道了，为什么让你每次看见念头时，就说"知道"。

回到观念头，真正的你就是那个"观"，但你常常会把自己当成"念头"。念头和念头之间，什么都没有，而真正的你，是那个"没有"，但你以为自己是那个"有"。

在你生活中，你习惯听"声音"，但会自动忽略音与音之间的间隙；你习惯看文字，但会自动忽略写着文字的背景。

波浪一直在生灭，但大海一直不生不灭；文字一直在变化，但文字背后的背景，不垢不净；声音一直在变化，但背后的间隙和背景，不增不减；云朵一直在变化，但天空一直如如不动。相对波浪，大海才是真正的你；相对文字，背景才是真正的你；相对声音，间隙才是真正的你；相对云朵，天空才是真正的你；相对身体，觉性才是真正的你。

这么说，都只是比喻。你知道就好，不用纠结其细节，甚至都不用去理解，更不用记下来。修行不是头脑的理解，不是头脑的逻辑，而是体验，是超越头脑。修行，是要真正看见光，而不是描述光，也不是记住关于光的知识。

当你在座上修时，你认真观念头，当你发现长时间没有念头时，你可以问问自己：我是谁？谁在观？不生不灭的是什么？不是让你真正地问，而是有这样的疑惑出现。这样做会发生什么？我不知道。可能会发生什么，可能什么也都不发生。发生什么挺好，不发生什么也挺好。

回到本章开头的场景，当你回到家，看着窗外的风雨，你的焦虑和恐惧都消失了。

是的，当你提起觉察，当你回到"觉性"之中，你的焦虑和恐惧就消失了，因为你回家了。

提起觉察，就是回到觉性之中。

不用纠结这些文字描述，不用记住它们，它们只是指向月亮的手指。不要把注意力放在手指上，哪怕那根手指再漂亮，又或者那根手指很粗糙，都不能代表月亮，手指只是手指，它不是月亮。

成为念头的主人

不要做念头的奴隶，要成为念头的主人。

当念头出现，我们不知不觉跟随其流转，由此产生喜怒哀乐，这就是我们的日常生活。修行，成为念头的主人，并非不能有喜怒哀乐，并非不能跟随念头，而是有不跟随念头的能力。

清晨，你在小区散步，看到一朵漂亮的百合，你想摘下来插到自己家里，你左看右看，发现没人，赶紧折断枝干，快步走回家。等到家后，你长舒一口气。

另一个场景：清晨，你在小区散步，看到一朵漂亮的百合，你想摘下来插到自己家里，你看见了这个念头，笑了笑，继续散步。

这两个场景对比，并非判断哪个行为是否道德，而是想说明，如何是做念头的主人。前者一直跟随念头，后者及时看见，就停下来了。当然，有人自己道德水准比较高，不学觉察，也会停下来。但这里不是在讨论道德水准，而是在讨论是否看见念头，是否能不被念头带走。

解释念头的奴隶，更典型的例子是，发脾气时想停下来却停不下来，焦虑时想停也停不下来，这就是大家说的：我无法控制自己的情绪。

修行，并非追求只能有好的念头、善的念头、积极的念头，而不能有不好的念头、邪恶的念头、消极的念头。

你在马路上看见某个美女或帅哥，内心升起想要和人家搭讪或交往的念头，看到这个念头，你很自责：我都已经结婚了，怎么还能有这些念头，还是个修行人呢，太不应该了！

你听朋友说那个曾经背后污蔑你的同事，最近工作上犯了大错，可能会被处分。你觉得很开心，心想活该！你看到这个念头，忽然很惭愧：我修行这么久，怎么能幸灾乐祸，一点慈悲心都没有，太不应该了！

总之，你觉得自己是个修行人，不能出现那些"不道德"的念头。

不要有这种期待！

当下会出现什么样的念头，和一个人的经历有关，和当下的环境有关，和他的世界观、人生观、价值观有关。这也是为什么，心理学中讲，人的性格，和原生家庭关系很大。因为有了所谓的"原生家庭"的经历，遇到某个场景，某一类念头就会经常出现。例如讨好型人格，就很害怕拒绝别人。当想要拒绝别人时，恐惧的念头就会出现。

当下会出现什么样的念头，你无法控制。善良的邪恶的，好的坏的，都只是念头而已，它们出现了，就出现了。**修行，无论出现什么念头，你都有能力不被它影响，这就是成为念头的主人。**

你想和帅哥美女搭讪，念头出现，及时看见，知道：哦，我还有这样的想法。

同事犯了错，你心想"活该"，念头出现，及时看见，知道：哦，我还有这样的想法。

同样，明天的会议很重要，你需要做好计划，你在认真思考，知道，继续思考，继续做计划。

修行，不是让你减少"恶"的念头，增加"善"的念头，而是无论何种念头出现，你都有不跟随的能力。

当你修行进步了，可能的结果会是，"恶"的念头越来越少，"善"的念头越来越多。但这只是结果，而非目的。

如何有不跟随念头的能力？这就需要刻意练习，反复练习。

是结束也是开始

觉察，是我发现的最适合在生活中修行的方法，实用且简单。练习觉察，并非要解决某些问题。问题的存在，源于对自我的执着。当"自我"消失，执着也会消失，问题就不再是问题。

当你回到当下，知道此刻的正在发生，你会体验到：所有的发生，都是各种因缘和合的自然显现。这种因缘和合包括此刻外界的环境因素，也包括此刻你内在的念头或习气，这一切组成了事情发生的因和缘。

当你明白了这一点，你只是看着，什么都不做，只是看着，连"看着"也不做，连"不做"也不做，你只是知道，知道此刻的正在发生。这类似老子说的"无为"。

你只是知道，但一切又都在发生。并不是你让这一切发生的，也不是他人让一切发生，而是因缘和合，一切在自己发生。这类似老子说的"无为而无不为"。

此刻，你仿佛脱离了整个世界，但又仿佛融入了整个世界。好像自己什么都不是，但好像自己又是一切。一切在自然发生，也在自然消失。此刻的你，还有什么问题呢？

这，就是见地。

见地，是一个人对自我的认知，对真相的认知。这种认知，并非对知识的理解。你背下来这段话，没有意义。你理解了这段话，还是没意义。

理解，是逻辑。

见地，是知道。

见地，不是你明白刷短视频不好但就是戒不掉，而是你知道自己绝对不会把手伸到火中。无论谁用什么理由劝你这么做，你也不会信。就算你好奇想尝试，你的身体也会自己拒绝。

本书开头提到：掌握了觉察这个方法，能解决生活中七成以上的烦恼。你现在或许明白了，很多烦恼根本不用解决。

孩子性格内向，真的需要改变吗？

爱人喜欢乱扔袜子，真的是问题吗？

父母吵架，真的需要制止吗？

脸上有个烧伤的疤痕，真的不能见人吗？

……

当一个人见地提升，执着也会自然脱落，以前的烦恼和痛苦也随之消失，以前的问题也不再是问题。

我们都是普通人，离不开这滚滚红尘，但这不妨碍我们在红尘中修行，在生活中修行。

修行，不是为了快乐，但修行好的人，普遍很快乐。

修行，不是为了幸福，但修行好的人，普遍很幸福。

修行，不是为了让人生变得顺利，而是让我们有勇气有智慧面对生活中发生的一切。

人的一生，若不修行，也就是一场场经历。既然是经历，就无所谓好与坏，无所谓苦与乐，无所谓顺境还是逆境。

人的一生，若开始修行，这一场场经历，还会拥有额外的意义。每一次经历，都会帮我们认识自己；每一次经历，都会帮我们认识这个世界；每一次经历，都会带我们走向觉醒。

是的，觉察之道，就是觉醒之道。

通过觉察，你会推开一扇门，走向一个新的世界。

你准备好了吗？

很高兴遇见你，
这是今天的奇迹。
虽然你不认识我，
但你我曾经相守，无比熟悉。

很高兴遇见你，
这是今生的奇迹。
虽然你不记得我，
但我曾寻你千年，不问归期。

你我相遇在这里，带着熟悉的陌生，还有陌生的熟悉。
让我看看你的脸，明明彼此很欢喜，为何又带着泪滴。

很高兴遇见你，
这也并不是奇迹，
因为你我曾有誓言，
来世若能再相遇，永不分离。

——"必经之路"新手村主题曲《很高兴遇见你》

觉察实修指南

预备周：你准备好了吗

要正式开始觉察之道的实修训练了。

如同每次运动之前要做热身运动一样，实修训练之前也需要热身，这就是我们的预备周。预备周，你需要摆正自己的心态，调整自己的期望，做一些准备，包括时间上的准备和心理上的准备。

每一周都有作业，你需要认真完成。作业最好是有老师帮助点评，否则你很难发现自己作业的错误。一旦修行方向错了，你越努力，错得越厉害。

● **本周觉察练习**

1. 本周认真阅读本书的第一章—第八章，至少认真阅读一遍。之前阅读过，也请再阅读一遍。
2. 阅读本章《总得付出点什么》，问自己一个问题：想要学好觉察，我愿意付出什么呢？请认真回答。
3. 阅读本章《修行的七大忠告》，你的体会如何？
4. 阅读本章《勇士四大原则》，连续三天，并记录作业。

● 总得付出点什么

一次，我去"必经之路"某智慧栈和同学们聊天，每个同学都说了自己新年最大的愿望。

有人说，希望自己生意能顺利！

有人说，希望父母身体健康！

有人说，希望小孩成绩好一点！

有人说，希望能遇到自己的真命天子！

……

大家都许愿了，说希望菩萨保佑帮助自己实现愿望。

都是很朴实的愿望。我问了个问题："为了实现愿望，你愿意付出什么呢？"

是啊，我们常常许愿，但很少想：为了实现愿望，自己能付出什么？

上次有个朋友，想请我教她写作。我没答应。毕竟我自己也是半桶水，加上精力也不够，所以没答应。后来她又请求了几次，还手写了一封信。我问她："为什么想要学写作啊？"她的回答中有一句话触动了我。她说："如果能让我提升写作水平，我愿意少活十年。"后来我答应了，真的教了她几个月。

我经常会收到一些读者的求助。有些关于拜师的求助是这样的："蓝狮子，我很痛苦，不想迷失下去了，想好好修行了，你认识的大师多，帮我介绍一个师父吧！"我很想回复他："想找到一个好师父，那你愿意付出什么呢？"但我不好直接说，担心对方误会：莫不是介绍一个师父，还要找我收费？当然不是。如果花钱就能找到真正的师父，反而倒简单了。往往花钱找到的师父，不是真正的师父，是骗子的可能性比较大。不花钱，还能怎么付出？

先讲个故事吧。

从前，有个叫无著的修行人，在鸡足山修习弥勒菩萨法门。

他修行六年，也没梦见过弥勒菩萨。他很是沮丧，决定下山。

下山路上，无著遇到一个老太太在磨大铁棒。他很好奇地问："你干吗呢？"

老太太说："磨针呢！"

无著听闻后很惭愧，觉得自己太没恒心了，于是返回去继续修行。

又过了三年，无著还是没有梦见过弥勒菩萨。他更沮丧了，决定下山。

下山路上，无著遇到一个妇人拿着羽毛在擦大石头。他很好奇地问："你干吗呢？"

妇人说："这座山太高，挡住我家的太阳了，我准备把它抹平了。"

无著听闻后很惭愧，觉得自己太没恒心了，于是返回去继续修行。

又过了三年，无著还是没有见过弥勒菩萨。他快绝望了，决定下山。而且心想：都浪费了十二年了，这次无论遇到什么事，我也不回来了！！！

下山路上，无著没有遇到什么人，他也安心了。快到山脚下时，路中间有一条下半身已腐烂生蛆的母狗，还朝他狂吠不已。无著此刻内心产生了强烈的悲心："它身体都这样了，还怀有这么强烈的嗔恨，真可怜啊！"

无著打算帮母狗去掉蛆虫，他思量：如果用手或者其他东西来弄，会把虫子弄死，狗也受不了。于是他决定用自己的舌头来舔。在他蹲下身子，闭上眼睛，伸出舌头去舔的那一刻，母狗消失了，弥勒菩萨出现了。

无著不禁悲声痛哭："我都修了十二年，您怎么都不出现啊！连一个梦兆都没有！今天我要离开了，您才出现！"

弥勒菩萨说："其实我一直都在你身边，你自己业力深重，看不见而已！今天你的慈悲心净化了一切，才看见我。"

无著不信，弥勒菩萨说："你把我放在肩上，去城里逛逛就知道了。"

无著把弥勒菩萨扛在右肩来到城中集市上。他问人们："我的肩上有什么？"

众人纷纷回答："什么也没有啊！"

只有一个老太太说："你的肩上有一具快腐烂的母狗尸体。"

故事讲完了。这个无著，就是佛经中的无著菩萨。有点神话故事的意思吧？不一定要当真，只是想说明一个道理：有时你的愿望没实现，不是菩萨不帮你，是你自己没准备好，菩萨想帮也帮不上忙。或者说，不是师父不愿教弟子，是弟子自己根本就没准备好，师父来了也没用。

神话故事是真是假我们不知道，也离我们太远了，我讲一个亲身经历的故事。

上次有个读者看了我介绍《佛子行》的系列文章，留言说一直想买那本《佛子行》的书，但几次买来发现都是盗版，于是祈请菩萨加持自己能买到一本正版的。

我碰巧看见留言了，忽然笑了，回复道："菩萨看见了，让你留下快递地址呢。"

那个读者很快回复自己的地址。大约过了两个星期，我下山去了一趟县城，把我那本看了几遍的《佛子行》，寄给了那个读者。

后来我又收到了那个读者的留言："为了迎接这本书的到来，我要求从收到菩萨回复的那天开始，自己每天至少做三件善事……"

我还收到了几张照片，上面密密麻麻记录了每天做的善事列表。看着那一条一条记录，我特别感动。

要实现愿望，总得付出点什么吧！这个付出，并不是别人需要，是自己需要。就像那本书，我不需要那个读者的"善事"，是读者自己需要。

如果读者什么善事都没做，不也能收到书吗？可能吧。但也可能我忽然就忘记这件事了，又或者因为各种原因我就没寄过去，不知道呢。

看到这里，你或许也可以问一下自己：我想要增长智慧，我想要解决生活中的痛苦和烦恼，为此，我愿意付出什么？

● 修行的目的

关于修行的目的，讲了很多次，这里再重复一次。

很多人走上修行之路，是因为觉得生活太苦了，希望能解决生活中的烦恼，希望能获得快乐，希望能过得幸福。

上次遇到一个朋友，学习身心灵有好几年，上了诸多知名大师的课程。我问她为何要学这些，她说希望活得幸福。然而她觉得自己活得并不幸福，至少现在还是如此。

每个人都在追求幸福，追求快乐。但他们不知道，他们的不幸福和不快乐，正来自他们在不断地追求幸福、追求快乐。他们追求的是没有黑夜的白天，是没有雨天的晴天。他们追求没有山谷的高山，他们追求没有乌云的天空。这种追求注定会导致失败。生命本身就是矛盾的，也是统一的。

追求快乐，也没什么不好。只是每个人都在追求快乐的同时，又紧紧抓着痛苦不放。妻子说，我希望家庭和睦，但老公不能抽烟喝酒；父母说，希望孩子健康快乐，但平时不能不听话。快乐本来可以很容易获得，但几乎每个人非要在快乐前加无数个条件，哪怕这些条件满足了，他们还会再加新的条件。

生活就是这样，烦恼不断，没有尽头。家家有本难念的经，苦海无边，就是如此观点。每次我听到一些让人悲伤的故事，我会很悲伤，但也很快就不悲伤了，因为我知道，每个人有痛苦才是正常的。

很消极，不是吗？算是消极，但也很积极。

生活中确实有解决不完的烦恼和痛苦，真相本来如此。接受这个消极的观点，再寻求解决方法，就是积极，至少是勇敢吧。否则，逃避现实，每天假装自己很好，这很消极，至少不算积极。我认识不少人，白天和同事朋友谈笑风生，夜晚独自失声痛哭。他们害怕别人的评价，害怕别人看不起自己，害怕别人知道自己的懦弱。

如何才能获得真正的快乐？我觉得有且只有一条路，那就是修行。之所以不快乐，是因为有痛苦和烦恼；之所以有痛苦和烦恼，是因为智慧不够；而想要有智慧，就只有修行。

修行，是降伏自心。修行的目的，也是降伏自心。

生活中烦恼越多的人，越适合在生活中修行。当你有了这样的认识，**生活中的每个烦恼，遇到的每个困境，身边的每个人，都是你修行的入口，都是用来调伏自心的对境。**

生活中的所有烦恼，都可以用来帮助修行。有哪些烦恼？孩子叛逆，夫妻不睦，经济拮据，身体病痛，婆媳矛盾，亲人离世，职场不顺……无一例外，这些都可以用来帮助你修行。并非说你不用处理这些问题，这些问题该如何处理依然如何处理，但同时，它们也都可以用来帮助你降伏自心，帮助你增长智慧。

如何把这些当成修行的入口？接下来的内容，就是实践的方法。

● **修行的七大忠告**

在深入实修之前，提几点忠告。如果你能采纳，并认真执行，对你学习修行，会有很大帮助。

1. **把修行当成最重要的事**

我们生活中有很多事，需要工作，需要照顾亲人，需要学习，需要处理很多突发事件，哪件事最重要？

我希望你能把修行这件事当成最重要的事，至少要和你想赚钱一样重要。

为何要把修行当成最重要的事？

你要问问自己，你那么努力，那么勤奋，承受那么多压力，是为了什么？绝大多数人，都是为了自己或家人过得幸福快乐。我可以很确定地说，如果不懂修行，这些目标不可能达成。

修行和其他事情，并非冲突，而是融合。修行不是一件事，而是每一件事。

当你把修行当成重要的事，把修行融入所有事情中，所有事情，都会变得有意义。

2. 相信方法，相信自己

修行这件事，相信挺重要的。觉察这个方法，来源于佛陀的教法，经过几千年的洗练，也经过了"必经之路"几千名同学的体验和实践，确实能解决生活中很多烦恼，甚至会彻底改变人生。本书中介绍的理论和方法，基本是蓝狮子自己验证过，也是蓝狮子自己每天都在实践的，真实不虚。

修行，需要消除"自我"，而"自我"会有保护模式。因此，很可能练习一段时间，会出现怀疑的念头：这个方法行不行啊？我适不适合啊？要不就算了吧？要看见这种"自我"的把戏。

修行，要相信自己。每个人都是本自具足的，修行只是让你本自具足的智慧逐步显现出来。修行不看个人背景，并不会因为你学历低、自卑、内向、社会上没啥成就，就学不好修行。相反，你社会上经历的挫折越多，修行入口也会越多，越适合修行。

每个人都需要修行，每个人都适合修行，没有例外。

如果你找到了自己的修行老师，你也需要相信老师。老师交代的作业，老实听话，不要问为什么，直接做就好。

不要用头脑修行，不要去分析这个方法哪里有缺陷，是不是可以改进，不要去质疑这么练习是不是有作用，这些都是用头脑来修行。修行，是去掉头脑。当一个人没有头脑，就成佛了。

3. 保持初学者的心

保持初心，初学者的心。无论你练习了多久，懂了多少，都用一个初学者的心态来面对修行。

什么是初学者的心？

还记得你上大学的第一天吗？还记得你第一次见你对象的父母吗？还记得你去新公司上班的第一天吗？还记得第一次练习静坐吗？还记得你第一次看《觉察之道》吗？

你那时的谨慎、好奇、认真，就是初学者的心。

初学者的心，还是空杯的心。

如果你决定练习觉察，不要带着审视的心态、判断的心态，不要和你之前学过的修行知识做对比，也不要比哪些方法容易，按照练习的要求，一点点练习，不要觉得自己懂了就投机取巧省略过程。

修行越好的人，越谦卑。有智慧的人，知道自己不知道。

4. 长期坚持

修行只有开始，没有结束。修行不存在到了某个程度，就停下来了。你今天修行状态很好，可以看见念头，情绪也无法影响你，这不代表明日你还能如此。日复一日地修行，才是一个好的修行状态。

修行可以慢一点，但不要停下来。每天哪怕只是静坐几分钟，观几分钟念头，也是可以的。一开始不要太精进，不用每天给自己提特别高的要求。修行不是短跑，也不是长跑，而是走路，用走路的心态对待修行。

修行的核心，不在某一刻的体验，不在某一段时间的精进，而是长期地日常修行。

不要期待巨大的变化，不要期待辉煌美妙的体验，那些都只是"自我"的把戏，从心的细微处入手，持续不断地练习，变化会自然发生。像春天来了，冰雪慢慢融化，你看不见，但它一直在发生，非常缓慢地发生。

5. 修行融入生活点滴之中

这一点很关键，把修行融入生活的点滴之中。在日常的行住坐卧中，看见自己的想法，发现自己的习气，关注自己的起心动念。

当你明白了这一点，每一件事，都可以用来帮助修行。无论顺境逆境，都是修行的入口。

此时，你不会拒绝那些烦恼，不会害怕逆境出现。生活中的小事，原本无聊的事，也会有它的价值，变得精彩起来。以前那些看不惯的人和事，你也会发现他们的可爱之处。

6. 亲近善友，远离损友

当我们修行还不够，很容易受环境的影响。我们和修行精进的人经常交流，会变得精进；和见地高的人交流，会提升见地。反之，当我们和一些习惯不好的人经常交流，会容易受其影响。和喜欢抱怨的人在一起，也会变得喜欢抱怨；和傲慢的人在一起，也很容易效仿其傲慢。

因此，想要好好修行，除了有修行的老师，一个正向精进的修行团队，也很重要。

当你状态不好，有些松懈的时候，可以多看老师的视频，多向老师请教，多和修行同学交流。

7. 定原则

"自我"很厉害，"自我"会把你学到的所有东西用来对付你，包括修行。

当你练习修行一段时间，很容易出现懈怠心、怀疑心、傲慢心等，不留心的情况下，容易彻底放弃修行。对治这种情况，最好的方式，是在自己状态好的时候，给自己定一些原则。例如：无论发生什么，我每天早晚坚持静坐至少十分钟，坚持一年。例如：以后只要有老师的分享，我一定要去参加，错过了，也一定看回放。这些都是原则。

如果你细看，以上这七条，都是用来对付"自我"的。

● 勇士四大原则

何为勇士？

不再害怕被伤害！

修行最大的敌人，不是欲望，而是虚伪。

以下是勇士的四原则，长期练习，可以用来训练你看见念头的能力。

○ 不说谎

人总是要说谎的，

谁要是说自己不说谎，

这就是一个真实的谎言。

我们在生活中，会习惯性敷衍应付，有时习惯性不说真话。在接下来的二十四小时里，要注意自己的语言和念头，一旦发现自己想要说谎，就赶紧停下来，换一种方式表达。

要求：看见自己想说谎的念头，最终选择不说谎，哪怕善意的谎言也不说。真话不全说，假话绝不说。

提醒：

1. 关键在于要及时看见自己想说谎的念头。

2. 不要分享关于说谎还是不说谎的经验体会。

3. 描述作业时，把重点放在看见念头上。

4. 挑战结果不是最重要的，关键是要看见念头。

作业样例：

下班后我在理发店里理发。孩子打电话，问："下班了吗？"

担心孩子会因为我回去晚了而不高兴，就想和孩子说，还没下班呢。

话到嘴边觉察到了，连忙改口和孩子实话实说："妈妈在理发，可能会晚些回去，你自己先搞点吃的。"

孩子没有丝毫不开心，还和我分享了在学校的事情。

以上只记录了一条，二十四小时，可以记录多条。

○ 不抱怨

为什么人会不由自主地抱怨？

因为这样可以掩饰自己的无能。

我们在生活中，会习惯性抱怨，有时喜欢抱怨人，有时习惯抱怨公司，有时习惯抱怨这个社会，抱怨世道不公等。在接下来的二十四小时里，要注意自己的语言和念头，一旦发现自己想要抱怨，就赶紧停下来，回到当下，该干吗干吗。

要求：看见自己想抱怨的念头，选择停下，回到当下。

提醒：

1. 关键在于要及时看见自己想抱怨的念头，发现自己正在抱怨。

2. 不要分享关于不抱怨的经验体会。

3. 不抱怨，主要指"语言"上抱怨，抱怨对象通常是生活、环境、公司、社会、国家等，也包括具体的某人。不思他人过，主要指"想法"上想起他人的过错，"思过"的对象通常指具体某个人。

4. 描述作业时，把重点放在看见念头上。

5. 挑战结果不是最重要的，关键是要看见念头。

作业样例：

下午去超市，过马路时，有车疾驰而过，吓了一跳，"现在人开车素质怎么这么差！"看到自己想抱怨！停，继续过马路。

以上只记录了一条，二十四小时，可以记录多条。

○ 不占他人便宜

你是真的在意那几块钱吗？

不！你要看见，这只是自我的习气。

我们在生活中，自我总是担心吃亏，习惯性占点便宜，这是自我的特点：总是为了自己好。在接下来的二十四小时里，要注意自己的念头，一旦发现自己想要占便宜，就赶紧停下来。如果可以，就反过来，让自己吃点亏。

要求：看见自己想占便宜的念头，选择不占便宜。

提醒：

1. 关键在于要及时看见自己想占便宜的念头，停下来。

2. 不占便宜，也对等于，愿意自己吃亏。

3. 不要在是否占便宜上执着，关键是看见想占便宜的念头。

4. 不要分享关于自己从不占便宜的经验体会，不是讨论道德。

5. 重点放在看见自己的习惯上，例如习惯让商家抹零，挑东西总想挑最好的，把不好的留给别人。

6. 描述作业时，把重点放在看见念头上。

7. 挑战结果不是最重要的，关键是要看见念头。

作业样例：

我参加培训课。茶商培训师说公众号某个地方可以免费领茶叶，我没听明白想问第二遍，看见想占便宜的念头，不问了。

以上只记录了一条，二十四小时，可以记录多条。

○ **不思他人过**

子曰：君子慎独。

师父说：群居守口，独处守心。

俗话说：静坐常思己过，闲谈莫论人非。

我们在生活中，会习惯性地想起某人的过错，想起人家对自己的种种不好，心生嗔恨和怨念，久久不能平静。在接下来的二十四小时里，要注意自己的语言和念头，一旦发现自己在想他人的过失，就赶紧停下来，回到当下，该做什么做什么。

要求：看见自己在思他人过的念头，赶紧停止，回到当下。

提醒：

1. 关键在于要及时看见自己思他人过的念头。

2. 思他人过，主要指自己独处，或者和人聊天时的想法。

3. 背后说人是非时，能看见，也是不思他人过。

4. 描述作业时，把重点放在看见念头上。

5. 挑战结果不是最重要的，关键是要看见念头。

作业样例：

今天在家休息，打扫卫生，看见队友的袜子又扔到沙发上，顿时不高兴，想起他好多毛病，每次都这样，说了很多次也不改！甚至想打电话骂他一顿。

看到思他人过，止。

回到当下，继续打扫卫生。

以上只记录了一条，二十四小时，可以记录多条。

第一周：看见念头的表演

觉察之道最基本的要求是"看见"，看见什么？念头。

念头，是想法、情绪、思想组成的最小单位。看见念头，看见念头的表演，有不评判不跟随的能力，此刻，你就成了念头的主人。

● **本周觉察练习**

本周的练习重点在两个方面，一方面是静坐觉察，另一方面是动作觉察。

静坐觉察的关键点是三个：注意环境；及时看见念头，尽量不被带走；一切声音、想法、感受等都是念头。

动作觉察的关键点也是三个：把觉知放在每一个动作上；其间有念头出现，看见，及时回到动作上；其间一切听到的看到的都知道，回到动作上。

本周的任务：

1. 详细阅读本书的第三章和第四章，以前看过，也要再看一遍。
2. 静坐觉察，每天早晚各一次，每次十分钟，坚持二十一天。一开始做文字记录。
3. 闹铃觉察，持续一周。

4. 第三天、第四天，练习橘子觉察、吃饭觉察。

5. 第五天、第六天、第七天，练习走路觉察、起床觉察、洗碗觉察。

6. 写本周学习总结。

以上的动作觉察，第一次练习需要做文字记录。

● **静坐觉察**

静能生慧。古人诚不我欺。

详细阅读《觉察之道》第四章座上修部分。

找一个不受干扰的环境，关灯，没有声音，不用点香，手机等电子设备调整成静音。

可选姿势1：双腿交叉盘坐（双盘、单盘、散盘均可），脊柱自然挺直，两肩向后微张（让双臂和身体有些许空隙），下颌微收，双手结禅定印，舌轻抵上腭，双目微闭。

可选姿势2：椅子上端身坐正，双脚接触地面，双手自然放在大腿上，不要靠贴椅背，后背自然挺直，舌轻抵上腭，双目微闭。

调整好姿势，身体自然放松，没有不舒服之感。然后注意脑海中出现的念头。念头出现，不评判，不跟随，知道就好。

静坐期间听见的声音、身体感受、看见的画面等，都当成念头，只是知道。

口诀：知道有念，知道无念，知道就好。

要求：静坐期间，出现任何情况都当成一个念头，行动上不要回应，只是知道。

提醒：

1. 想法是念头，看见就好。一旦看见，那个念头自然会被打断。

2. 听见声音，身体有任何觉受，痒、痛、不舒服，都当成念头，知道就好。

3. 尽量不跟随念头，不被念头带走。发现被念头带走，知道就好，继续观念头。

4. 发现被念头带走了，不用评判，不要懊悔。这种发现本身就是一个成功。

5. 出现幻觉，也当成念头，知道就好。

6. 如果身体出现特殊觉受，感觉身体消失，愉悦感等，都是正常。知道就好。

7. 静坐时不用刻意记录念头，静坐结束能想起来多少就记多少，不用挂碍。

8. 如果一开始坚持不了十分钟，可以从三到五分钟开始，逐步加长时间。不要强迫自己耗时间。

9. 静坐过程中，如果有十分特殊的觉受，自己把握不了，可以和老师私下沟通，不要公开讨论，更不要炫耀。

10. 静坐就是静坐，练习看见念头，不要刻意去找念头，找念头也是念头。

11. 当某类念头很强烈，可以有意识把觉知放在身体的各个部位，依次感知身体，然后继续观念头。

12. 不是控制念头，不是消灭念头，也不跟随念头，而是看见念头，知道念头，就像天空看着云卷云舒，就像大地看着万物生长。

作业样例：

肚子饿，知道。

手臂放松，知道。

叽叽喳喳，知道。

念头，知道。

头疼，知道。

吃橘子，知道。

不跟随，知道。

会不会迟到，一会儿要加快……带走了，知道。

睁开眼睛，知道。

● **闹铃觉察**

闹铃："什么？我也需要觉察了吗？"

蓝狮子："是的。你需要按时提醒同学保持觉察。"

看了这段对话，橘子表示压力很大。

设置几个闹铃，每次闹铃响，留意自己此刻的身体姿势和感觉，正在想什么、说什么、做什么，做三次深呼吸，回到身端意正。记录此刻的状态。然后继续做当下正在做的事情，并尽可能地保持觉察。

要求：一开始设置三个闹铃，以后可以逐步增多。闹铃响的那一刻，记录当下的状态，包括身、语、意，尽可能详细地记录。

提醒：

1. 记录状态，是让你能看见念头，感知动作。

2. 闹铃响，就是提醒你保持觉察。这是被动的，就像老师提醒你要保持觉察一样。

3. 尽可能及时记录当下状态。不要事后回忆。

4. 闹铃响了之后，尽可能长时间保持觉察：知道自己的动作、想法、说话内容。

5. 保持觉察的时间越长，对境能引起你烦恼的机会就越小，烦恼也会越少。

6. 你还可以打印"觉察"二字，贴在办公桌或者家里某个地方。看见这两个字，就相当于闹铃响了一次。

作业样例：

9:00闹铃响起，定格三秒。

身：上半身略微后靠，脚落地，正在敲键盘。

语：无。

意：刚才正在思考数据的逻辑。

深呼吸三次，调整坐姿，离开椅背，坐直。

继续保持觉察：

呼吸，知道。

打字，知道。

● **橘子觉察**

佛陀在成道后，第一次教小朋友们吃橘子。

吃橘子时，知道自己在吃橘子。

坐在椅子上，双脚平放在地上。找一个橘子，放在面前。橘子大小无所谓，方便用手剥就好。然后开始练习：

1. 慢慢伸出手，拿起橘子，仔细观察其颜色、纹路。感知橘子的温度，感知橘子与手掌接触的感觉。只需知道就好，不要好奇。

2. 轻轻用手开始剥橘子。感知手指与橘子的接触，感知橘子皮剥开后散发的香味。慢慢把橘子皮放到桌面上，然后收回手，继续剥橘子皮。

3. 看着剥好的橘子，观察橘子表面，观察其颜色，感知其温度。

4. 用手掰开橘子，分成两半，感知手与橘子的接触，感知橘子的柔软。

5. 掰开一瓣橘子，感知嘴里唾液的分泌。慢慢把一瓣橘子送入口中。感知橘子与舌头的接触。

6. 开始咀嚼。感知橘子汁与口腔的接触，感受其味道，感知牙齿的上下咀嚼。可以多咀嚼几次，让橘子完全嚼碎。吞咽下橘子。感知喉咙的动作，感知汁液慢慢吞咽的过程。

7. 继续掰下一瓣橘子，重复感知，直到最后整个橘子被吃完。

8. 以上过程中，会出现念头，会想起某些人或事，知道，回到当下。

要求：动作尽量慢一点，看见念头，感知动作，并记录整个过程。

提醒：

1. 关注眼、鼻、舌、身、意的变化，记录颜色、形状、温度、触觉、味道、动作、念头。

2. 不要走神，其间如果出现别的念头，回到当下吃橘子的动作。

3. 其间不要被别的念头带走，例如想起看时间，不要理会，回到当下。

4. 如果没有橘子，吃苹果也是类似的过程和要求。

5. 刻意练习时，可以正式一点，要求严格一点。以后熟练了，不用刻意练习，而是在正常吃橘子或者吃苹果时，感知自己的动作、味道、念头等。

橘子觉察的引导

1.在开始练习之前，寻找一个宁静且舒适的坐姿。挺直脊背，放松肩膀，让身体自然舒展。接下来，请闭上眼睛，开始将注意力集中在呼吸上。重复三次深呼吸，每一次都更加专注和深沉。

现在开始深入去探索橘子的世界。想象自己走进了一片绿意盎然的森林，那是橘子的故乡，是它们生命的起点。在这片森林里，一颗微小的种子正悄然破土而出，随着时间的推移，种子在阳光的照耀、雨水的滋养和微风的吹拂下，慢慢地长成了一棵小树苗，长成了一棵大树，枝繁叶茂，果实累累。再经过农民的采摘、包装、运输，橘子才能到达我们餐桌。带着虔诚、敬畏、殷重专注吃橘子，安住当下。

2. 现在我们带着这样的心境，开始吃橘子。用拇指和其他四指拿起一个橘子。感受它光滑而微凉的表皮。请将注意力转向观看，去观察自己手中的橘子，用眼睛去探索它，全心全意地！认真细致地去观察它。在这期间有可能会冒出很多念头，回到当下就好。

也可以留意光线如何照射到橘子上。在它表面有没有阴影、凸起或者凹陷。留意暗淡的部分，有光泽的部分。允许自己用目光去充分地观察它。也可以用手轻轻地转动。从不同的角度来观察它。有什么新的发现？

在这样观察的时候，脑海中冒出一些想法。比如，这样做显得好奇怪？或者这样做有什么意义？看见这些念头，只需回到观察橘子的当下就可以了。

3. 现在将注意力转到橘子的触觉上去，去感受橘子，去觉察橘子的硬度、光滑度。也可以用拇指和食指轻轻地转动它，留意哪些部位是柔软的、有弹性的。在这期间如果出现念头，回到当下就好。

4. 现在准备好以后，将橘子带到鼻子下面。停在那里，吸……气，看看能觉察到什么，留意是否有什么气味，去觉察它。如果没有发现什么气味，就去觉察没有气味的状态。如果自己的体验随着时间发生变化，也对此保持觉察。在这期间如有念头出现，继续回到当下就好。

5. 现在慢慢地开始剥橘子，觉察手剥橘子皮移动时所产生的感觉变化。感受手指与橘子皮之间的摩擦和滑动，以及橘子的重量和形态，随着剥橘子皮动作持续发生，留意是否有什么声音出现、橘子被剥开时散发出的香气。请对此保持觉察，其间不要走神，如果有念头出现，回到剥橘子的当下就好。

6. 准备将一瓣橘子放入口中。觉察胳膊移动时所产生的感觉变化。觉察手和胳膊是如何精确地将橘子送入口中的。如果愿意的话，也可以闭上眼睛去体会。将橘子放入口中，留意到舌头伸出并触碰到橘子。在这期间如有念头出现，回到当下就好。

现在去探索橘子放在舌头上的感觉。用舌头移动橘子，去探索它的表面，感受它的柔软和凹凸不平。在这期间如有念头出现，不要跟随，回到当下就好。

慢慢将橘子移到牙齿中间，轻轻地咬一口，留意嘴里的变化，然后慢慢地开始咀嚼。留意口中的感觉变化，体会咀嚼带来的味觉的变化。请注意，要知道自己在咀嚼，知道每一次咀嚼，感知每一次咀嚼，而不是任咀嚼自动发生。其间如果有念头出现，只需回到当下就好。

不必着急，给自己时间去体会。觉察橘子所发生的变化，感受果汁充斥整个口腔的感觉，以及果渣的粗糙感。其间有念头出现，回到当下就好。

7. 然后当你准备吞咽时，请首先留意到心里想去吞咽的意图，停止咀嚼。然后再继续去吞咽它。感受橘子汁向下进入消化道直到滑落到胃部的感觉。体会橘子在嘴里遗留的任何感觉。继续掰下一瓣橘子，重复感知。

直到最后整个橘子吃完。在这期间看见念头，只要回到当下就好。之前闭着眼睛，现在请睁开眼睛，重新回到现在所处的环境中。

最后，带着觉察收拾好果皮垃圾，并清洗果碟。整个过程中请感知当下身体的每一个动作。

● **起床觉察**

穿衣吃饭，日常之事。以此入道，正契时也。
醒来的第一件事，提醒自己提起觉察，练习觉察。

早上醒来，即可开始练习起床觉察。

看见自己想继续睡懒觉的念头，感知自己当下身体睡觉的姿势、四肢的位置，被子的温度。

开始起床，穿衣。感知自己的每一个小动作，看见脑海中的念头，不要被想起的某事带走，念头出现，知道。感知自己穿衣服时，身体的自然动作，那种不需要指挥而相互配合地发生。

穿好衣服、鞋子，不要匆忙，知道一切都在发生。去卫生间，上厕所。感知身体的动作，感受。不用刻意控制，只是知道。

看看镜子里的自己，微笑。开始洗脸、刷牙。每一个动作的发生，都很熟练、自然，只是知道。不要焦虑今日的工作，不用担心孩子、爱人，只是做好当下的事。

要求：整个起床、穿衣、洗漱的过程中，可以选择其中一个过程重点练习（如只是觉察穿衣动作，或者只是觉察洗漱的动作）。要尽可能看见自己的念头，感知每个动作，不要被念头带走。

提醒：

1. 一开始需要刻意练习，动作可以稍慢一点。

2. 如果发现被念头带走了，知道，回到当下继续练习就好。不用觉得沮丧，也不要自责。

3. 不用担心浪费时间。总共就是几分钟的时间，不会浪费。过去那么多年，你起床时胡思乱想，就不算浪费？就算不算浪费，但生活不也是如此吗？

4. 出现焦虑，出现担心，或者想起要去叫小孩起床，这些都只是念头，只是知道，不用去跟随，回到当下，晚几分钟再做无所谓的。

作业样例：

慢慢起身坐起，坐到床沿，觉知念头之间的空隙。下床，走到门口，开门。再缓缓走到洗手间，上厕所，冲水，并取下花洒冲干净便池周围，放好花洒。

要写起床作业，知道。

打开水龙头，清澈的水流出，洗手，感知到水的微凉。双手捧一把水，洗脸。重复。双手抹干净脸上的水珠，看着镜子里的自己，偏瘦，知道。

左手取下牙膏，右手拧开盖子并取下牙刷，挤一点洁白的牙膏到刷毛上，拧好盖子，放回牙膏。左手扶在洗漱盆边沿，右手开始刷牙。听到"唰唰"的声音以及牙刷杆跟牙齿碰撞的声音。刷完左边，换左手，刷右边。

感受水在嘴里的温度，两边刷完，吐出白色的泡沫，右手打开水龙头冲洗牙刷，洗干净后放好。左手捧一把水漱口，重复，直到漱干净。

洗漱完毕，走出洗手间。

● **吃饭觉察**

人活着，每天都要吃饭。这是个不错的修行入口。

准备好饭菜，端身坐正，做三次深呼吸，然后开始练习。

仔细观看饭菜，看其颜色、形状，知道自己在观看。观看时，注意不要被念头带走。

慢慢拿起碗筷，感知自己的每一个动作，感知手和碗筷的接触，感知其温度。开始吃饭。

夹菜，吃饭，感知动作，把觉知放在口腔内，慢慢咀嚼食物，感知食物的味道。只是感知，知道自己在吃饭，不用刻意控制。而是所有动作发生时，自己知道。

要求：吃饭时，只是吃饭。不要看手机、听小说，尽量感知每一个发生的动作。记录下来。

提醒：

1. 一开始需要刻意练习，最好是自己单独吃饭时做此练习，还可以考虑用手机拍摄下自己练习吃饭觉察的过程。

2. 吃饭期间，如果想起别的事情，知道，不跟随，回到当下就好。

3. 不用刻意控制自己的动作、念头，只是任其发生，自己只是知道，回到当下。

4. 尽量让自己能在吃饭期间一直保持觉察，感知每个动作，看见每个念头。

5. 等练习娴熟了，以后吃饭时，可以不用这么刻意。哪怕一边吃饭一边与人谈话，也可以做此练习。

作业样例：

早上吃小馄饨。

右手拿起勺子，手腕微动，带着汤舀起一只小馄饨，勺子靠近碗边，微微倾斜，沥掉一些汤水。

抬手，把馄饨往嘴里送，勺子碰到嘴唇，牙齿碰到馄饨，一嘬，小馄饨滑入嘴里。

馄饨皮滑滑的，一咬，挺有嚼劲。

出现念头：这个皮子很不错呀。知道，回来。

舌头自动将馄饨分开到左右两边，牙齿开始咀嚼，皮先变小，然后就感觉不太到了，舌头自动将变小变糊的馄饨皮往口腔里面送，自动接着吞咽。

牙齿继续咀嚼，把肉糜继续磨碎，吞咽。

手拿着勺子舀一勺汤，抬起手送到嘴边，嘴唇微噘，吸，一勺汤全送到嘴里，吞咽下去。

脑子里冒出：开始吃之前忘记感恩食物了。知道，回来。

继续吃下一个。

第一次全程没看手机吃完一小碗馄饨。注意力都放在嘴里，动作上。

● **走路觉察**

修行在起心动念中，修行在行住坐卧中。当你学会了觉察，走路也是在修行。

选择独自散步时练习走路觉察。

走路时，只是走路，不思考任何事情。放慢脚步，感受脚掌和地面的接触，感受身体的动作，踏出每一步，都知道，也只是知道。踏出每一步，都很正式，像给大地盖上自己的印章。

走路时看见景物，看见花花草草，知道就好，继续走路。头脑中出现念头，及时看见，不跟随，知道就好，继续走路。只需稍微放慢速度，不用刻意控制动作，知道所有动作的发生。

要求：整个过程，尽量把觉知放到身体的动作上，看见念头，回到当下。

提醒：

1. 这个练习关键点在于不被念头带走，不被环境带走，只是走路。
2. 可以感知脚趾、脚掌、小腿、大腿、身体、手臂、双手等身体部位的动作。只是把觉知放在这些部位就好。
3. 如果有微风吹过，感知皮肤，知道就好。如果遇到花草，眼睛看过，知道就好。如果想起某件事，看见念头，知道就好。
4. 一开始需要刻意练习，可能会有些别扭。等以后熟练了，正常走路时，也可以练习。随时走路都能练习。

作业样例：

来到附近小公园散步，进门后停到一处，站直身体，深呼吸三次，开始体验走路觉察。

听到声音，知道。

抬左脚，大腿带动，膝盖提起，脚跟着地，脚掌着地，身体向前，右脚迈出，落地，脚掌抓地，左脚迈出，交替进行。

两三步之后，手臂怎么没摆动，自然点，知道。

甩起胳膊，慢慢跟随走路的节奏。走得正常了，知道。地上我的影子，知道。

机器声音有点吵，知道。

有人在修剪花坛，知道。

一个小宝宝坐婴儿车经过，知道。

觉知放到脚下，知道。

感受到鞋底与地面水泥砖块的接触，一些凹凸不平的感觉。

抬起头走，知道。

踩到落叶，有声音，知道。

清洁工阿姨，知道。

踩到了沙子，知道。

感受到鞋底与沙子的细微摩擦，再走几步，知道。

待会儿要买菜，回去了，知道。

自行车，知道。

修剪声音大了，知道。

● **洗碗觉察**

吃完饭，你可以主动去洗碗，顺便练习觉察。

如果你不想洗碗，看见自己的"不想"。这种不想洗碗，也是一种习气。当你看见池子里又有碗没有洗，内心想埋怨某某，看见这个"埋怨"。嗯，好好开始洗碗。

观察碗筷在池子里的位置，以及摆放的样子，观察碗上的油渍。看见脑海中升起的念头。

整理好衣衫，放好冷水热水，听见水的声音，感受水的温度。知道自己的每一个动作。

开始洗碗。感受手与碗的接触，感受油腻污渍，感受身体的姿势，看见油渍被洗干净，把洗好的碗轻轻放到一边，知道自己的每一个动作。洗完一个碗，接着下一个碗。洗碗，也可以变得很优雅。脑海中不要想熊猫。如果脑海中出现了熊猫，继续回到当下，继续洗碗。

观察灶台上的水渍，用抹布轻轻擦干净。洗手，把手擦干。知道自己的每一个动作。

要求：整个过程，要知道自己的每个动作，要看见脑海中生出的念头，及时回到当下。

提醒：

1. 以后可以主动多洗碗，每一次洗碗，都是一次练习觉察的机会，而且还能促进家庭和谐。

2. 过程比结果更重要。是否洗了碗不是目的，整个洗碗的过程才是重点。

3. 眼耳鼻舌身意，每一种感觉，都当成念头。不要跟随，知道就好。

4. 洗碗觉察容易产生抱怨、嫌弃等情绪，还容易升起想快速洗碗的念头，这些都要及时看见，回到当下。

5. 洗碗可以如此，洗菜、洗水果，甚至洗澡，也可以用类似的方式练习觉察。

作业样例：

吃完早饭，看到队友又不想洗碗，主动说："我来洗碗吧，你带孩子出去。"

洗碗开始：站立，心里默念，开始带上觉察来洗碗，好好体验，知道。

右手臂抬起，掌心向上，手指并拢，用大拇指按压洗洁精。

黏糊糊的液体，落在手心，凉的。

开始用拇指和食指捏住水龙头开关，向外推出。

水流大，向内拧小，水流变成细线状。

用手接水，水从手指中间流下，流入碗中，此时有泡沫出现，关水，左手弯曲，拇指按在碗外沿，用抹布从内向外清洗。

想起大梅学长说给碗做SPA，知道。

看到碗内泡沫大量变多。

洗洁精放多了吗？等一下多用水冲吧。知道。

左手更用力抓紧，移到平台，接触时有声音响起。

动作是不是很优雅？呵呵，知道。

继续清洗碟子，洗到筷子时，方法改变。左手捏紧筷子一端，用抹布用力从一端擦到另一端。

冲洗：从台面上将碗碟洗完，再次移入水槽，拧开水龙头。

调整水流，用手抓住碗底和碗口，移入水流中接水，接满后，手掌反转，倾倒到下面的碟子中。再用水流冲洗碗外侧，再次接满，再倒下。

手指接触处没有滑感时，移到平台上。

差不多干净了吧？知道。

开始整理水槽：水槽真脏，一直想换一个！知道。

● **开车觉察**

开车时，知道自己在开车。在开车中练习觉察，在觉察中正常开车。

开车觉察，可以长时间练习自己的觉察能力，眼睛看到的、耳朵听到的、身体感受到的，以及脑海中的念头，都是需要感知的对象。开车时，关闭收音机或者车内音响，只专心开车。

眼睛看见路况，只是知道，该如何处理就如何处理。看见堵车，若有焦急念头出现，看见念头，知道；看见有人加塞，若有抱怨念头升起，看见念头，知道；看见某个特殊车牌，若有好奇或联想的念头出现，看见念头，知道；看见路边行人、车辆、路旁景色，只是知道，不跟随。耳朵听到的车鸣、马达声，都只是知道，不跟随。

感知手握方向盘的感觉，感知脚踩油门和刹车的感觉，感知臀部和座椅接触，感知背部和头部，感知自己的呼吸。如果发现在想其他事，回到当下，继续感知。

要求：整个过程，不被外界环境带走，只是做当下该做的事。

提醒：

1. 开车觉察，有不可预料的外界环境干扰，难度会有点大。一开始练习，可以是独自开车时练习，等熟练掌握之后，只要是开车，也可以随时练习。

2. 不用担心开车觉察会带来危险，平时开车遇到紧急情况，都是身体的自动反应。开车觉察能让你不会走神，回到当下，反而会更安全。

3. 练习的难点在于外界环境会很容易导致情绪出现：抱怨、焦虑、愤怒等，要及时看见这些念头的出现。

4. 被外境带走，或者被念头带走，没关系，回到当下继续感知就好。

5. 整个过程中，提醒自己回到当下的那一刻，就把感知放在双手上。

作业样例：

早上我开车去公司，想起，今天有开车觉察，上车后调整了一下坐姿。

感觉屁股坐在座椅上软软的，知道。

背和头找了个舒服的姿势，先启动车辆，手握方向盘，挂挡，松开离合，开始去公司。

走之前先通过地图看了下路况，知道，过了一个红绿灯，随后右转到大路。

看到路边的行人，知道。想起昨晚的事，知道，继续感知手握方向盘。

听到汽车鸣笛声，120车的叫声，知道。

刚开了两公里，看到前面有点拥堵，知道，放慢车速，观察情况，这可怎么办，有点着急，知道，回到感知动作上。

这时候，有辆红色轿车从我车边过，随后加到了第三辆车前面，车尾在外面，想抱怨，知道。

又看到了一辆挂黑色牌的车，知道，等了十几分钟可以通行了。

开会晚了吧？知道。

提醒自己不要着急。

顺利到达公司，停车，锁车。

● **扫地觉察**

最早的扫地僧是佛陀的弟子：周梨盘陀迦。据说他很愚笨，一句偈子都记不住。

佛陀让他每天扫地，他最后证得阿罗汉果。

扫地时能一心扫地吗？不胡思乱想，不怨天尤人，看见念头出现，知道，回到当下，安心扫地。

观察扫帚的形状，观察待打扫的地面。感知自己此时的姿势，感知自己脚掌和地面的接触，知道自己在感知。如果此刻有念头升起，看见。

拿起扫把，感知手掌和扫帚的接触，感知扫帚的重量，开始扫地。感知身体的姿势，感知身体的每一个动作，听见扫帚扫地的声音，看见垃圾的滚动、聚拢，知道就好。若有念头出现，回到当下，继续扫地。不用刻意控制扫地的动作，只是自然扫地，然后感知发生的一切。

扫地时只是扫地，整个世界都只有扫地。

要求：整个过程，要知道自己的每个动作，要看见脑海中生出的念头，及时回到当下。

提醒：

1. 扫地，是很好的隐喻。时时勤拂拭，莫使惹尘埃。

2. 有时不愿扫地，觉得这是小事，烦琐之事。这也是一种习气，看见这种想法。以后可以主动扫地，扫地也是修行的入口。

3. 扫地是个全身运动，感知身体的动作，看见念头的出现，都只是知道，不跟随。如果思绪飘飞，看见就好，回到当下，继续扫地。

4. 每一次知道自己被念头带走，就是回到了当下。这是好事，这也是进步。

5. 妈妈再也不担心你不做家务了！

作业样例：

进仓库取出扫把簸箕，左手抓握簸箕把，右手用力分离扫把，右手掌抓握扫把顶部，长度刚好是手与地板间距左右，重量轻盈，感受到扫把软毛与地面接触，随着右手部动作变化。

软毛斜面扫出角落毛尘，毛尘在地面飘飞，用扫把软毛去压住它，送入簸箕。抬桌子，移动衣架框，用扫把深入，这一处毛尘较多，觉得有成就感，回来，继续扫地。衣架掉落，捡起衣架。

继续扫其他地面，其间念头冒出，薄荷、观心、沐子、风平、毕业典礼，知道，回来。

念头：我太少扫地了，一屋不扫何以扫天下，知道，回来。

以后要勤拂拭，知道，回来。

髋部在使力，右脚在绷直。

用扫把压住簸箕里，走路，右拐将垃圾倒入垃圾桶。

簸箕角度向下转，内里垃圾瞬间倾泻而出，簸箕空了。

返回仓库，扫把扣回簸箕把，放置原处。

最后这个倒入垃圾桶，看着簸箕角度一转，有触动：智慧增长时，是不是烦恼也是这样一念之间，一眼消失？

角度转变，咫尺一念。

第二周：情绪是最好的修行对境

看见念头是基础练习，需要持续练习，每天练习，特别是静坐觉察部分，要养成这种习惯，每天都练习半个小时。不是坐半个小时，而是真的观念头半个小时，要要求质量。

而懂了动作觉察，方便在日常生活中随时练习。以前做家务是负担，现在做家务有了额外的意义：练习觉察。

熟练掌握了静坐觉察，可以考虑增加随机静坐觉察，这对忙碌的当今社会，是个很实用的练习方法。

情绪觉察，是觉察在生活中很好的应用，可以帮助我们解决很多烦恼。

学会发愿，也能很好地对治情绪。

● **本周觉察练习**

本周需要掌握三个方法：随机静坐觉察、情绪觉察、三种发愿。

1. 练习随机静坐觉察，每天练习不少于三次。
2. 练习情绪觉察，掌握【看盯挖改】四步法。每天至少练习一次，并按照看盯挖改的方式写作业。需要认真阅读第五章的内容，哪怕之前阅读过，也请再阅读一遍。
3. 第三天、第四天，找出自己的三个按钮；做开车觉察。
4. 第五天、第六天、第七天，学会三种发愿，每天要练习晨起发愿。
5. 写本周学习总结。

● **随机静坐觉察**

有了这个方法，只要你想，当下就是修行最好的时机。

随时随地，只要有时间，都可以练习随机静坐觉察。可以在车上，可以在办公室，可以站立在路边，可以在草坪上，都不是问题。如果条件允许，保持后背自然挺直，让自己自然放松就好。然后开始练习。

无论感受到什么，听见什么，看见什么，想到什么，都当成念头。知道就好。不用刻意要求时间，几十秒，几分钟，都可以。

要求：尽量不被外界环境影响，把所有的影响都当成念头，知道就好。

口诀：知道有念，知道无念，知道就好。

提醒：

1. 练习随机静坐觉察，需要对静坐觉察的方法掌握娴熟。
2. 听见声音，身体有任何觉受，痒、痛、不舒服，都当成念头，知道就好。
3. 尽量不跟随念头，不被念头带走。发现被念头带走，知道就好，继续观念头。

4. 发现被念头带走了，不用评判，不要懊悔。这种发现本身就是一个成功。

5. 如果外部环境干扰太大，可以有意识把觉知放在身体的各个部位，依次感知身体，然后继续观念头。

6. 不是控制念头，不是消灭念头，也不跟随念头，而是看见念头，知道念头，就像天空看着云卷云舒，就像大地看着万物生长。

作业样例：

公交车随机静坐觉察。

有座位赶紧坐下，好累。知道。

闭上眼睛开始静坐。

停车时头和身体前后摇晃。知道。

防震不行，颠死我了。知道。

报站声好听，有人说话。知道。

上下乘客。知道。

还有一站要下车了。知道。

● **情绪觉察**

情绪是你的朋友，当她出现，要感到高兴。

情绪就是念头，一个接一个的念头。

详细阅读《觉察之道》第五章。是的，我说的详细阅读，是至少认真阅读三遍。并非要背下来，而是要理解【看】【盯】【挖】【改】，以及每个步骤的要点。

日常生活中，"看见"每一次情绪的出现。情绪出现，就是练习觉察的机会。尽量及早看见，不要等到情绪爆发了才意识到。

看见情绪的苗头，如果情绪比较强烈，要"盯住"情绪。感知情绪下身体的反应，最后重点感知反应最强烈的部位，感知其变化，直到明白自己不会被此情绪带走。

"挖"情绪背后的执着点。情绪的出现，都有源头，追溯源头，才可能放下执着，彻底破除情绪。关键不要挖到别人身上，是从自身找问题所在。

"改变"一贯的行为。针对自己平时遇到情绪而出现的行为，反其道而行之，以此让自己加深印象，也能有助于破除执着。

要求： 出现情绪，一旦看见，全力以赴。认真记录四步过程。

提醒：

1. 此练习主要针对稍强烈的负面情绪（愤怒、焦虑、恐惧等），如果一些轻微情绪（如抱怨、尴尬等），不一定严格需要【看盯挖改】四个步骤，可能只需要【看改】就可以。

2. "挖"情绪的执着点，是当下一瞬间的事，也可以事后继续挖。可能是看见了自己或他人的模式，也可能是自己对某件事某个人放不下。

3. 最后一定要"改变"行为，不用找理由，这就是原则。不改变行为的练习，都算失败。

4. 一开始需要刻意练习，严格按照四步来分析记录。等熟练了，这四个步骤会是一瞬间的事情。

5. "挖"执着点，是可以反复挖的。随着你的修行越好，也会越挖越深。有时可以请老师或其他同学帮你挖。

作业样例：

午休，听到老公在客厅，一会儿问儿子要不要睡，一会儿又说要喝水，没几分钟又说让少吃点芝麻片，刚吃过午饭又吃。

【看】：烦躁，不悦，嫌弃。

【盯】：几秒中间，心抓紧，皱眉。

【挖】：看不惯他"事无巨细"地管教儿子，反映出我的傲慢，对他的不信任。我眼中的别人就是我，又挖出来我的霸王式心病、自大式心病，我一定是对的。

【改】：给儿子倒了半杯水，配合老公，让儿子把水喝了，并告诉他爸爸很关心他身体，春季干燥要多喝水。

自评：刚开始只觉得是自己不信任老公。又深挖了一下，竟然发现我还有两个心病。

● 三种发愿

神通抵不过智慧，智慧抵不过业力，业力抵不过愿力。

真诚发愿，是一种很实用的方法，可以让"自我"无所作为，还可以培养慈悲心。而当慈悲心生起，自我就会减弱，烦恼也自然会减少。

这里介绍三种发愿方式：

1. 早起发愿

例如：愿师父加持我，今天所做、所想、所说，都是为了利益一切众生！

这种发愿，一方面是说出自己的愿望，也是表明决心；一方面是祈请加持，让自己更有力量。

2. 遇事发愿

例如：如果某事成功，对众生更有利，请师父加持我成功。如果某事不成功，对众生更有利，请师父加持我不成功。

当你遇到某件事很纠结、紧张、焦虑时，你可以选择这种发愿方式，做好当下的事，把选择权交给师父。

3. 慈悲发愿

例如：愿师父加持我，我愿替妈妈承受牙疼带来的所有痛苦，愿她能早日康复。

这里是以妈妈为对象，以牙疼为例子，但可以扩展到发愿替众生承受疾病带来的所有痛苦。这种发愿，很适合在自己病痛时使用。这样也能让自己的病痛变得有意义。

要求：发愿要真诚、勇敢。

提醒：

1. 发愿，是愿望，也是誓言，要认真对待。如果不够真诚就不要发愿，不要做表面功夫，这没有意义。
2. 发愿的方法不涉及宗教，就像我们生日许愿一样。
3. 慈悲发愿，如果一开始不敢发大愿，可以从身边人开始逐步扩大范围，父母、子女、朋友、同事、众生。虽然这种愿望不一定真能实现，但你要做好愿望实现的准备。
4. 不要自己害怕被"发大愿"伤害，它能伤害的只是"对自我的执着"。

作业样例：

早起发愿（每天早起可以发愿）。

祈请佛陀加持，愿我今天所思所想、所说所做的一切，都是为了利益一切众生！

遇事发愿（在遇到很纠结很挂碍的事情时，可以遇事发愿）。

如果这次我晋升成功对众生更有利，请佛陀加持我晋升成功。

如果这次我晋升失败对众生更有利，请佛陀加持我晋升失败。

慈悲发愿（在亲人生病时，可以慈悲发愿）。

我发愿，替母亲承受因头痛带来的所有痛苦，愿她能早日康复。

（在自己生病时，也可以慈悲发愿）。

我发愿，替天下所有人承受因头痛带来的所有痛苦，愿他们都能身体健康！

第三周：生活处处是修行

静坐觉察、动作觉察、情绪觉察、晨起发愿等，都是需要每天练习的。你练习的过程，就是提起觉察的过程，如果你每天在练习上花了很多时间，那你每天就有很多时间是保持觉察的。

关于情绪觉察，很容易失败，就是依然控制不了自己的情绪。这很正常，过去那么多年的习气，不可能一下子彻底改变，慢慢练习就好。

接下来，就是综合练习，如何把觉察融入生活的点滴之中。

● **本周觉察练习**

本周需要学会即刻觉察、"我看见"练习、善良二十四小时、关爱二十四小时等。

1. 本周继续练习情绪觉察，每天一次。
2. 第一天、第二天，练习即刻觉察，每天一次。
3. 第三天、第四天，完成扫地觉察，完成一次善良二十四小时。
4. 第五天、第六天、第七天，完成关爱二十四小时，写一封遗书《如果没有明天》。
5. 写第三周的总结体会。

● **即刻觉察**

觉察，不是某一刻，而是每一刻。

当你想起要修行，就马上开始练习。

即刻觉察[1]是个检验自己觉察水平的练习，别错过。

闹铃觉察是让闹铃提醒我们要提起觉察，是被动的。即刻觉察，则是想起来我要提起觉察，是主动的。

一旦想起"我要觉察"的念头，留意自己此刻的身体姿势和感觉，正在想什么、说什么、做什么，做三次深呼吸，回到身端意正。继续做当下的事情，接下来几分钟内，尽可能地保持觉察：感知自己的动作，看见念头，知道此刻的正在发生。记录此刻时间，这算一次。如果五分钟之内想起第二次或多次，只记录一次。

统计一天主动提起觉察的次数，大概评估标准是：

觉察等级	记录次数
入门	<10 次
小成	10~30 次
大成	30~60 次
圆满	60~100 次
完美	>100 次

要求：认真记录一天主动想起觉察的次数，想起"要觉察"之后的几分钟内，尽量保持觉察。

提醒：

1. 重要的不是记录次数，而是能主动想起来要练习觉察。更重要的

---

1 "即刻觉察"是由"必经之路"天空训练营小芳营长命名。

是，每次想起要提起觉察后，接下来的时间，尽量保持觉察。

2. 提起觉察后的几分钟，很关键。可以结合之前学习过的觉察方法练习，例如：随机静坐觉察。

3. 不要总想去追求等级。修行不是和别人比，而是降伏自心。要看见追求更高等级的欲望，不要被其控制。

4. 修行是当下的事。如果你昨天达到了完美级，只能说明你昨天状态很好，并不能说明当下的状态。永远保持初学者的心。

5. 要诚实记录，如果一天次数很多，看见自己想要炫耀的心思。

作业样例：

9:00闹铃响起，定格三秒。

身：上半身略微后靠，脚落地，正在敲键盘。

语：无。

意：刚才正在思考数据的逻辑。

以上只记录了一条，一天可以记录多条。

● **我看见**

当你只注意一个人的行为，

你没有看见他；

当你关注一个人的行为背后的意图，

你开始看他；

当你关心一个人意图后面的需要和感受，

你看见他了。

——伯特·海灵格《看见》

我看见[1]，可以是看见自己的习气、模式、念头、情绪、想法等。

我看见，也可以是看见周围某些值得记录的人和事，一两句话，几十个字，记录某个瞬间。看见之后，尽量有个动作来对治。

看见自己的习气，就是在削弱习气本身。

要求：没有对错，只是真实记录，可以只有一条，也可以有多条。

举例：

1. 我看见老公的旧有模式开始了，我看戏，演戏，真好！

2. 我看见其他小伙伴工作都很积极，作业也及时提交，各有特点，值得我学习。

3. 我看见我贪心了，想要得更多。停下来，不要了。

4. 我看见我对队友的抱怨，停下。

5. 我看见会议时想要说教的冲动，止语。

6. 面对领导的询问，我看见自己想说谎的念头，如实汇报。

7. 我看见Rita主持很棒，衔接应变能力强，看见了Rita同学的自信、自在、闪闪发光的样子。

8. 我看见儿子和奶奶像两个娃娃一样在吵架，我觉得好玩，我在一旁看戏。

9. 我看见面对儿子的汗臭不再是嫌弃，而是反过来靠近他。

10. 我看见我的负面念头，但我在念头之外，我只是看着，不跟随，我是自由的。

1　"我看见"的作业，来自"必经之路"【SEE·看见村】的创意，发起"村长"全方楹同学。

● 如果没有明天

如果还有明天，你将如何装扮你的脸？

如果没有明天，你要如何说再见？

明天和意外，哪一个先来？

每个人都会死，但每个人都不能确定自己什么时候死去。如果没有明天，你还有哪些事情放不下？当你认真思考这个问题，或许你能发现隐藏很深的执着点，或许你能看清现在的生活。

建议你认真对待，真正把自己代入这个场景思考：

如果今晚就要与这个世界离别了，我该如何面对？

如果没有明天，我有什么遗憾吗？

如果没有明天，我挂碍的那些人和事，我要如何处理？

如果没有明天，我该如何评价自己的这一生？

如果没有明天，我希望对身边人、对我爱的人说些什么？

如果没有明天，这最后一晚，我又想了些什么？

这一生，是我想要的一生吗？

这一生，我最骄傲的事情是什么？

这一生，我最后悔的事情是什么？

人生的意义，我真的明白了吗？

如果人生再来一次，我还会如此过一生吗？我会做哪些改变？

如果还有明天，余生我最重要的事情是什么？

……

要求：写一封有法律效用的遗书，要认真对待。

提醒：

1. 无论你以前是否写过遗书，请再次认真思考，再写一封遗书。

2. 不只是要写一封遗书，还要思考隐藏在死亡背后的问题。

3. 并非对你遗产如何分配感兴趣，可以参考上述问题提示。

4. 若你写得很简单，也没问题。但你要知道，这只是自己想伪装而已，你不会有多少深刻体会。

● 善良二十四小时

善良二十四小时，是借助善良主题，让大家练习长时间保持觉察、看见念头，把修行融入生活的点滴之中。先详细阅读下面的《善良参考手册》，然后开始练习。

从早上起床开始，发愿善良二十四小时。结合之前的觉察方法，可以练习起床觉察、吃饭觉察、走路觉察等，让自己践行勇士四大原则：不说谎，不抱怨，不占便宜，不思他人过。

每一个"不善"的念头出现，及时看见，不跟随。要诚实，不自我欺骗，要看见自我编故事。例如：我之所以骂邻居，是为了帮助他提升品德，帮他养成讲卫生的习惯。我这是做了一件好事。

尽量时刻提醒自己，今天要保持善良，每次遇到事情，想想如何能保持善念。例如：有人不小心踩了自己一脚，本来要责骂几句，看见，微笑表示不用介意，内心祝福对方。

睡觉前，可以回顾一天的行为，看看哪些行为做得不够好，明天可以继续补救。

要求：尽可能多地看见自己的念头，全身心投入本次挑战，至少在二十四小时之内，努力利他，做一个善良的人。

提醒：

1. 此练习，无关宗教。每个人都本自具足，每个人都具备善良的本性。

2. 要关注内心的念头，不要忘记这是修行作业。保持善良是挑战，更是练习觉察的方法。

3. 要看见自己的发心，是真心想利他吗？不要只是形式上利他，内心却是想利己。

4. 此作业，不是道德绑架，而是作业。不是要求你做个善良的人，而是让你体验能否善良二十四小时。如果安全，这个作业也能设计成《邪恶二十四小时》，那样这个作业虽然也能练习觉察，但对个人和社会都有害。

5. 善良不仅仅是对人的友善和慈悲，还包括对环境、动物和地球的爱护。

6. 善良不应该只存在于特定的活动或一天中，而应该是一种持续的行为，甚至梦里也可以。

7. 善良是要求自己的，不是要求别人的。

善良参考手册

- 最初要发愿。在心中对自己说：接下来二十四小时，愿我所做的一切都是为了利益他人，利益众生，绝不伤害众生！

- 坚决不说任何人的坏话，当面不说，背后更不说人坏话，内心也不去想人家的不好。

- 遇到不知道该如何处理的事情，内心提醒自己：某某某（自己的名字），你要善良！

- 不埋怨公司，不埋怨社会，不埋怨政府。嘴上不说，心里也不要想。若有此类念头出现，提醒自己：你要善良！

- 不说谎话，若遇到不适合说真话的场合，就笑一笑保持沉默。也不挑拨是非，荤段子也不说。

- 可以节欲一天，不和异性发生男女之事。更不要搞婚外恋什么的，哪怕是大帅哥或大美女主动跟你表白，也要拒绝！嗯，过了二十四小时再说。当自己心猿意马时，提醒自己：某某某，你要善良！

- 不看色情图片、文字、视频等，爱情动作片更不要看。

- 不占别人任何便宜，如买东西不要商家抹零头；如马路边停车，就算别人忘记收钱，也要主动交钱。更不能未经人允许拿人东西。当自己有歪心思时，提醒自己：某某某，你要善良！
- 坚决不杀生，连蚊子也不拍死。聚餐时不点活物，买菜时，不买活鸡活鱼。条件合适的，可以做点放生的事。如顺道买来几条鱼，带回来放到沟渠之中。
- 坚决不发脾气，一旦想要发脾气了，内心念：我要善良。
- 认认真真抄一份《心经》，若没有时间，至少念一遍《心经》。
- 在朋友圈看到任何公益项目，都参与支持，不在费用多少。
- 在朋友圈看到有人心情不好，主动留言表示安慰关心。
- 对你遇到的每个人，报以微笑。
- 要跟别人谈话时，要提醒自己：我接下来说的所有话，只为他人考虑，不要考虑自己。
- 在走路时，捡起自己遇到的垃圾，送到垃圾桶。
- 遇到乞丐或流浪汉，主动给他们一些钱，不在乎多少，也不要分辨人家是真还是假。
- 遇到环卫工人，点头致意，若他也看向你，说声"您辛苦啦"。
- 看见一些可怜的人或动物，如身体残疾的，衣衫褴褛的，又或者那些愁眉苦脸的路人，你内心要想："希望他们能快乐起来，远离痛苦。"
- 开车时遵守交通规则，并礼让每个过马路的人，无论他是否守交规。
- 遇到了同事或朋友，主动微笑，并夸赞几句。若不方便，内心也要给他们祝福：真心希望你能快乐幸福！
- 主动关心身边那些生病的、遇到困难的、情绪低落的朋友或同事，哪怕只是发个消息问候一句：你还好吗？

- 开始工作时，你要想：我一定要好好做，多吃点苦没关系，我希望为公司和客户带来更多利益，我希望让同事们轻松一点，他们可以少加点班。

- 开会分配工作时，自己主动多承担一些。

- 若跟客户谈合作，在你可以做主的范围内，主动让利一部分。

- 若你是学生，可以做几件主动帮助同学的事。

- 若你是老师，主动关心那些特别需要关心的学生。

- 遇到跟自己有过过节的人，或者想起自己仇恨的人，或者想起自己伤害过的人，想办法跟他道歉，当面道歉，电话都可以。若实在做不到，内心要说："对不起，我以前做得不对，希望你能原谅，也希望你能快乐！"

- 睡觉前，默默发愿："愿我今晚在梦中保持觉察，保持善良！"

- 一觉醒来，对自己说："愿今天我做的一切行为，都是为了利益他人，绝不伤害任何生命！"

- 活动结束后，你可以在心里默念：我参与这个活动的所有善业，回向给家人朋友，希望他们身体健康，也回向给所有众生，愿他们能早日增长智慧！希望佛陀能加持自己早日实现愿望。（具体内容可以自由发挥！）

作业样例：

- 06:50，我发愿：接下来二十四小时，愿我做的一切都是为利益他人，绝不伤害众生。

- 07:10，他家天天养一堆狗，看见，不抱怨，善良二十四小时。

- 08:15，今天没给孩子回执签字，忘记了，想找个理由说没看到……算了，直接道歉。

- 08:24，下地铁被雨伞碰了一下，心想：谁，有病？看见，直接走开，没瞪她。

- 08:54，同事们讨论延迟退休，说社会畸形……想参与抱怨，看见，闭嘴。
- 11:45，和同事去吃饭，前同事发来他们中秋的活动，哼，嫉妒，知道，继续吃饭。
- 12:13，坐电梯，从-2到-1楼，我又想翻白眼，突然想到前几天还写过这事儿，自己默默笑了一下。
- 13:16，想起来之前参加会议，我和集团领导聊天，突然大区的一个领导窜出来打断我……不思他人过呢，善良二十四小时，回来继续工作。
- 14:33，领导屋来人聊天，但是不关门，我十分想过去给她关上，看见自己有些强迫，知道，继续做目前的工作。
- 17:10，同事要下班，问我"你非要等快递来吗"，我不想回答，她又说明天是不是也可以……我有点抱怨，看到了，回复，"你先撤退吧"。
- 18:20，回家看到孩子奶奶躺在我们床上，有些抱怨，看见，问一句"妈不舒服吗？"但还是介意（这是一个情绪按钮）。
- 18:30，孩子奶奶说孩子老师和她说，孩子上体育课不认真，我问"详细怎么说的？"孩子奶奶说不清楚，奶奶表达不清，我多少有点情绪上头，看见，转头自己去外屋冷静一下（又是一个情绪按钮，孩子奶奶表达不清楚我就上头）。
- 18:40，孩子听小度影响我给他提交表格，我把小度关了，孩子说"妈妈，可是我在听"，看见，那你听吧，小度继续。
- 19:00，吃饭，孩子奶奶说事情又不清楚了，嘿，刚才记录的情绪按钮，一笑。
- 19:05，看到桌下孩子扔的鞋还没收，想发火，看见，想自己拿就拿，不想拿在那儿也不碍事。

- **19:15**，和孩子奶奶讨论老师说孩子体育不好的事，看见，即刻说"孩子跑得挺快的，和同学一起玩的时候跑得最快，今天只是没表现好而已，下次肯定没问题"（其实他从小到大运动就稍微差点意思，未来帮助他进步）。

  ……

- **06:59**，发愿回向，二十四小时结束。

● 关爱二十四小时

修行，不是为了让生活变得更好，但若修行好了，生活自然也会变得更好。

以"关爱家人"为主题，践行在生活中修行，检验自己运用觉察的能力，提升自己面对问题、解决问题的能力与智慧。在陪伴家人的所有活动中，你能否长时间看见想法、念头？你能否及时看见情绪、处理情绪？能否看见自己和他人的模式？来，让我们开始吧！

活动方式：用图片、文字、视频等方式，记录最温馨的、最有挑战的体验。记录自己如何运用觉察，如何时时提起觉察，如何用觉察解决问题的。

参考内容：

1. 早起发愿：现在开始二十四小时内，我要全心全意关爱家人。
2. 亲手为家人做爱心餐（暂时不会做的，陪家人一起做，打下手，并承诺何时给家人做）。提示：做爱心餐时，感知每一个动作，当念头离开，回到当下。
3. 专注地与家人共处，高质量地陪伴家人聊天、散步，陪伴孩子玩耍。提示：陪伴时，不看手机，不想工作，不责怪孩子，顺便观察家人的习气模式或情绪按钮。

4. 断舍离。舍弃家里不需要的东西，让家干净整洁明亮。提示：看见在处理物品时出现的想法，挖背后的执着点。

5. 为父母做两件以上让他们开心的事。提示：看见自己的念头，感知动作。

6. 带家人一起郊游，投入大自然的怀抱。提示：看见自己的情绪，不要被情绪带走。

7. 对家人做到"七不"：不抱怨，不撒谎，不嫉妒，不拒绝，不期待，不索取，不发脾气。提示：类似勇士四大原则一样，及时看到念头。

提醒：

1. 若无家人在身边，可以关爱身边的人。

2. 先认真看参考内容，要理解，特别是最后一条"七不"的内容。

3. 活动参考内容，是提供参考，也是原则。老实听话，能做到的尽量做，若有新的想法，也可以加入进去。

4. 主题是关爱家人，这是原则，不要妥协：我从没进过厨房，爱心餐这一条就不做了。这就是自我妥协。

5. 尽可能提醒自己提起觉察，这不只是关爱家人，还是觉察练习。以事炼心。

作业样例：

- **06:50**，早晨保持觉察，对妈妈说话有耐心。

- **07:00**，队友起来，看见没有热水，开始抱怨，我看见他抱怨的模式，没有掉他，默默去烧水，烧开后给他冷上一杯。

- **07:20**，孩子起来要吃饭，做的饭不吃，我想抱怨，看见念头，停止，直接去给他煎了他喜欢吃的牛排和太阳蛋，并嘱咐他少喝冷饮。

- **07:50**，走到一楼，等几步帮陌生邻居扶门。

- **08:20**，上班路上，有车想加塞，想着今天我要关爱，让车挤进来。

- **09:30**，想着今天我要关爱同事，带地瓜干给同事吃。
- **14:00**，看见同事磨磨叽叽的，想指责几句，想到我要关爱，耐心跟他说让他先去干什么。
- **16:00**，同事把方案做好，让我把关，我修改了一下，他们让我发到群里，我发了后，想起我要善良，我跟所属企业领导说，方案是他们做的，都是他们的功劳。
- **17:00**，给同事倒水，并端到跟前，微笑着说辛苦了，同事们很吃惊，站起来不知所措。
- **17:50**，看见工作有急活，嫌弃同事没问明白，想着今天我要关爱，说话弱了下来。
- **18:40**，主动做家务，练习在做家务中觉察。
- **19:20**，马上要观看直播了，孩子要吃馒头片，刚想指责，想着要关爱家人，赶快给孩子去煎馒头片，孩子吃得很开心。

经典作业和点评

修行，需要融入生活的日常小事、点点滴滴。这就是我们说的在生活中修行。修行作业，也并不是记录什么大的事件，而是记录自己心念的变化。很可能只是一念之间，但环境已经发生了翻天覆地的变化。真正的修行人，能不被对境带走。愚者被境转，智者能转境。

本章收集了一些作业和点评，这些作业来自"必经之路"新手村、天空训练营、摩鱼班，供你参考。

1. 早上瑜伽课，时间到了，两位小伙伴姗姗来迟，小A先上垫子，小B还在换衣服，我跟大家说，金刚跪等下后来的，小A一直叽叽歪歪说咋还不开始咋还不开始。我说小B在换衣服，你先跪好。她不，长长地趴在那里叫嚷，另外三位小伙伴乖乖地金刚跪静坐了。她还在嚷嚷，我吼她："闭嘴！"（失察）

她说："你经白抄了，凶我！"

我回："我继续抄，修行不好。"（气，看见）

开始上课，心情不好了！看着，一直看着。看见自己没有觉察气得很！难过，真的是白练了，这破功就在瞬间！沮丧得很，我的情绪被带走到现在。

翻篇，明天再来！

○ **点评**：

失败的觉察案例。修行就是这样，你一次成功，不代表每次都能成功；同样，你一次失败，也不代表每次都会失败。

最差不过是回到学习觉察之前，但现在学习了觉察，只要成功一次，就比以前好，就是胜利。这难道不值得高兴吗？

这篇作业，最大的亮点是最后六个字：翻篇，明天再来！

2. （1）暄妹死乞白赖地要找怡姐玩，打电话给在邻居家玩的怡姐，怡姐一听暄妹要找她，话都没说完就挂了电话。

我找到邻居家，敲开门。怡姐来了一句："滚！"然后就把我和暄妹往外推。

别人家老人就在旁边，感觉好难堪，有一丝想批评怡姐。【看】

在意别人评价：我没把孩子教育好。【挖】

我对怡姐说："我没那么胖那么圆，滚不动啊！"边说边带着暄妹进了邻居家。

邻居家的婆婆回过头看了我一眼。

（2）正照着手机写作业，暄妹夺走了我的手机，对我说："不许看手机，你小子……"

我："嗯，我不是小子，我是老子。"

邻居家的老人、四个一起玩的小朋友都笑了。

○ **点评**：

很不错啊。以前一点就爆的妈妈，现在可以幽默应对生活了！

3. 和太太视频聊天，她讲到新学校上课都要用iPad，再也不用在写字不工整上扣分了，用的是Google Classroom（谷歌课堂），而且没有回家作业，所以边上的女儿在开心地吹口哨，但她吹口哨最大的原因是刚刚给买了世界版的MC（《我的世界》）。看着她沉浸在一片欢欣雀跃中，发觉就像被一个甜蜜的泡泡包围，会希望泡泡不要破裂，就会产生细微的执着。

看到这个追逐世间八法的分别念的心，就希望我们下次遇到苦难，也能同样欢欣雀跃，安住在平等心中。

○ **点评**：

最后一句：希望我们下次遇到苦难，也能同样欢欣雀跃，安住在平等心中。见地很好！

4. 下午喝茶时，吃了些瓜子，后来我又抓了一小把吃时，想吃完这把就不再吃了。看见念头，笑，为什么不能现在就不吃呢。盯着这一小把瓜子，有一点点不情愿地把它放回瓜子袋里，没抓干净，桌上还剩五颗瓜子。念头又起：漏网之鱼，要不把这五颗吃了，盯住，一粒粒把它们放回袋子里，没有吃。

○ **点评**：

看见"自我"的小把戏，很细微，应对很及时！

5. 刷朋友圈，看到一个卖坚果的，想着要不买两盒回老家送礼。

想省钱，送礼盒，别人不知道多少钱，可以省点。

我在干吗？一个广告把我带跑了。（看见）

自我模式：逢年过节总想提前准备，要点花招省点钱。结果搞得提前焦虑。

关闭手机，结束摸鱼，认真办公。

○ **点评**：

及时看见，在生活中很常见的习惯。挺难得的。

6. （1）早上一客户买篮子，问："多少钱一个？"

我说："十八块钱一个。"

客户说："八块钱一个，那七块钱卖不卖？"

我："好！卖。"

（2）一客户买火钳，问："多少钱？"

我说："十块。"

客户说："九块卖不卖？"

我说："好。"

给钱时，客户说："就给八块钱吧！"

我说："你想给多少就给多少。"

客户笑起来了，给了八块钱。

○ **点评**：

看见了佛系做买卖。"你想给多少就给多少。"只有当你在意的不是钱时，才能做到这一点。看这两段对话，脑海中浮现一个画面：

某个高人，隐居闹市，摆个小摊，随便卖点东西。

7. 四年级的女儿圆圆感冒三天了，晚上鼻塞翻来覆去睡不好，我心疼她，给她找枕头把头垫高。

   早上吃饭时，看见她没穿外衣外裤，坐在那儿吃早饭，瞬间大声吼道："你怎么不穿衣服呢？！晚上鼻塞不难受吗？生病了还不把衣服穿好……"后来又说了几句。等她起身时才意识到自己被担心的念头带走，随后沉默。

   圆圆笑着蹦蹦跳跳地进房间穿好衣服后，出来说了一句："妈妈，觉察失败，今天必须交这个觉察失败的作业。我晚上回来检查。"

   我："好，确实失败了。不该吼你！"

○ 点评：

   圆圆同学觉察得不错，没有被妈妈的情绪带走，看见了妈妈的模式，还用了很智慧的方法应对。真的很难得！给圆圆点赞！

8. 坐着排队等看医生，闻到一股怪味，看了一眼，有两个人在那儿吃早餐，味道太大了，闻了恶心，有些生气，这么多人，这么密闭的空间，还吃包子这种有味的东西。看见自己的抱怨，看到自己的怒火。【看】

   胸腔部分好像有些憋闷，呼吸急促，盯着，直到情绪消失。【盯】

   希望别人按照我的准则行事，希望别人遵守道德纪律，希望管控他人行为约束他人道德。【挖】

   往其他的地方坐，还有味道，再换远点，还有味道，最后出去等，空气清新。【改】

○ 点评：

   小兔子，作业做得还可以，能看见，能盯住。【挖】的部分，

还是在挖别人的问题。意思就是：别人不遵守道德嘛。【改】

也勉强。如果等你回来，看见那个人又在吃别的东西，你会如何？我估计你会更生气。

这就是因为挖偏了。你问怎么挖？怎么挖，没有固定答案，每个人可能不一样。

那我随口一说啊：怎么不挖自己太挑剔？不挖自己没有慈悲心？不挖自己没道德？

听听理由：

来医院的人，要么是家属，要么是病人，来医院都不容易，就不能包容一下？

看见人家在医院吃早餐，家里一定遇到什么事，生活多么不易啊！而你看见的只有他不道德。

吃东西有什么不道德的？他没有考虑到影响了别人。但在你内心里把这个人轻易评判为不道德。是谁不道德？

9. 总部来人给我们指导完，下午要回去，三个老大一起送他，我心里念头起，他（我的直属领导）不是也忙死了吗，怎么还有工夫送人？中间有个老大回来了，他和总监还没回来，这巴结得也……巴结词一出，就看见自己开启了编故事、爱评价的模式。【看】

念头自然消失，发现自己好好地坐在工位上。【盯】

嘴上不说人，心里老不由自主去编派他人，这个习气在我身体里待得太久了。工作再忙，我同样也能被工作以外的事物带走，觉察力太弱。【挖】

把注意力放到工作上，感受自己在思考及手查资料的动作，做好自己的事。【改】

○ **点评**：

能觉察到自己的这个模式：内心喜欢编派别人。挺难得的。同学的诚实也值得点赞。

以后可以根据这个模式多练习。

就拿领导送总部的人为例吧。

可能是巴结，也可能是借这个送人时间谈事情，还可能是借这个机会打听总部未来的规划和战略，还可能是想为自己部门谋点福利或者汇报工作推荐人才……

总之，总部来人，机会难得了。有很多很多事情可以做的，反而，巴结这件事，是最low（低级）的，也不用三个领导一起巴结，想送礼都送不出去啊。但你只想到了领导巴结总部来人。

当地方领导不容易啊，要和总部搞好关系，还要受手下人编派。

你看见的世界，是你内心的映射。在你心里，很多人当上领导，是靠巴结走关系上位的。而自己不屑于这么做……

从工作角度讲，哪天你总是一眼看见领导厉害的地方，看见别人厉害的地方，你的眼光就提升了。眼光提升，工作能力自然会提升。那时你内心的想法、说出的话都会不一样。

10. 早上买菜，快走出菜市场，发现有一笔钱没付成功，菜农自种的五个胡萝卜三块八。我提着一手的菜，挺重。菜农离我挺远。钱也不多，又不是故意的，算了吧。看见自己怕麻烦。【看】

把自己看得重要，慈悲心不够，还爱占便宜。【挖】

我走回去重新付钱。菜农说："自己都不知道，你真好！"【改】

○ **点评**：

及时看见，挖得很准，改得很好。世界因你而变得美好了一点。

11. 今天是8月17日，刚给父亲买蛋糕，保质期六天，看生产日期：

    第一盒，8月13日。

    第二盒，8月15日。

    商家都是这样把快过期的放前面。这个念头当时完全没看见。

    第三盒，8月15日。

    没有新的？此刻，看见了自己的念头。

    所以，我拿了那盒生产日期是8月13日的。

    店员见了有些惊讶，说很少会有人这样拿，问我为什么。

    我说我拿回去直接就吃了，不影响，你们再放这里就过期了。

    我感受到了自由的当下。

○ **点评：**

   很及时地看见念头，看见习气，心中考虑的是别人。

12. 妈妈很生气地跟我抱怨，大姑不跟她打招呼，还是她主动跟大姑打招呼。

    看见自己想宽慰妈妈的方式，想给大姑找理由，止。演戏说：

    "还是您宽宏大量主动跟她说话，叫我都装不认识她。"

    妈妈哈哈大笑。

○ **点评：**

   看见模式，改变行为，很难得啊。而且肯定了妈妈，还很幽默。

13. 今早买早餐，买了一个包子和茶叶蛋。

    回到工位准备吃，看到同事来了，也没吃早饭，同事和我一样，都爱吃茶叶蛋。

    看到自己舍不得茶叶蛋。我想起那个"不要饼干的师父"。

    我把茶叶蛋给同事，下次只要买茶叶蛋就给她买一份。

○ **点评**:

看见细微的念头，一点一点削弱"自我"，很好。

14. 同事打电话问我上个月上班到几号，要做考勤了，他说记得好像是二十五号。

看到自己想占便宜，说二十四号，二十五号就没去上班了。

○ **点评**:

及时看到了自己的习气，选择了不占便宜！

15. 我在茶馆做服务员，老板娘的合伙人郭姐来店里，问有没有充电线，我答："有。"（但在桌子这边，她在那边够不着。）

我请她坐到这边来。她看手机，没理我。

我不爽。那要怎么伺候你呢？【看】

胸口升起一点小火苗。【盯】

把自己看得太重，我最重要。为客人服务可以，为你服务不情愿。【挖】

我钻进桌子把插线板扯到她那边去，帮她把充电器插好。【改】

○ **点评**:

"看盯挖改"很及时很清晰。

16. 先生计划中秋节回老家看婆婆，我说我和你一起回去吧！他说你不用回去，我吃了午饭就回来。我马上火了，撑他："不知道你回家和你兄弟还有婆婆又想背着我干什么事情。"

看见晚了一步，撑完他看见我编故事，看见我生气。【看】

心口有点闷，喉咙堵，盯了一会儿，缓解了。【盯】

告诉他我不回去，你自己安排好就行。【改】

事后感觉改得不彻底，心里面还有情绪，挖到自己之所以冒火：【挖】

（1）先生应该是有事和我商量，还是把自己看得太重要。

（2）自己有点小气，怕先生背着我多出钱多出力。

○ **点评**：

修行进步很大，智慧好女人，幸福三代人，你在一步一步成为这样的女人。下次看见更及时一点会更好。改，也可以改得更彻底。既然挖出了自己的问题，估计还会体现在其他言行中，以后也可以多注意。

17. 回家路上聊天，因为店里三个员工要生二胎的话题，队友说了一句话，抱怨当初我们没要二胎是因为我。当时就怒了！

我看见发怒了！【看】

不能被队友冤枉。【挖】

我平和地对队友说："我现在看到我怒气冲天，非常生气。我需要静坐觉察。你安心开车，我自己安静地待一会儿。"【改】

○ **点评**：

怒火中依然能平和说话，看来是随机静坐练得好。

这个会不会是你的按钮呢？下次遇到这个话题提前觉察。哦，又被按到按钮了。如果这个话题你们确实常提起，可以考虑心平气和地聊一聊此事。

18. 我看见了自己想要抱怨指责和唠叨。

与队友去办事儿，他边打电话边停车，剐蹭了车。我刚要抱怨他的时候，看见了自己以往的模式，我说："没事，给保险公司打电话吧，我先去办事儿。"

我看见自己的傲慢。

班组开会，我第一个完成任务，不用加班还受到了表扬，我看见自己内心的沾沾自喜与傲慢。我说："我跟同事们一起加班。"

我看见自己的期待。

队友去聚餐，说回来找代驾，我看见了自己的期待：可以不喝酒的吗？我说："身体健康很重要，兄弟情义也重要，少喝就好。"

我看见儿子的辛苦和疲惫。

九年级的学习节奏很紧张，儿子进门说："妈妈，我简直太累了。"我看见了自己的念头，想说九年级就是累，大男生不用矫情，坚强一点，坚持下来就好了……

我说："妈妈给你按摩按摩再吃饭，边按摩边聊天。"他说："舒服多了，疲惫不见了。"

○ **点评**：

这四个看见非常好！把觉察融入生活的点滴之中，还有行为改变。

19. 妈妈当着队友和妹妹的面数落我，也不知道你一天都忙什么呢，也看不到个人影，回家待会儿，也说不上几句话，就一直鼓捣手机，不关心父母，孩子不管，老公不顾的，心里只有你自己，你真自私……

我不快、不耐烦。【看】

我的脸发热。【盯】

我不想被指责，在意自己的脸面。【挖】

我笑嘻嘻地跟妈妈说："你想让我陪你聊什么，我现在就陪你聊。"【改】

○ **点评：**

看盯挖改四步做得很好。小建议：回家看妈妈，可以暂时不看手机，如果是"必经之路"同学的信息，晚点回复也没关系的。

20. 下午快要放学时，我看见两个小朋友的作业还没有完成。于是催促她们赶紧写。

看见自己的语速加快，有点着急和生气。【看】

盯了一下紧缩的胸口，情绪消失。【盯】

对学生有要求，有控制。必须在我规定的时间内写完。【挖】

不再催促她们，让她们随着自己的节奏写。临放学时，把没写完的作业收起来，等明天写。【改】

○ **点评：**

让孩子按照自己的节奏来完成作业，改得好棒。

21. （交作业的是一位八十岁的出家师父）一位出家师父问："是你去叫山上的师傅（做建设的师傅）下来吃点心，还是我去叫呢？"外面太阳很大，很热。我看见自己不想去，就说："我去叫，我去叫。"

我看见，大殿中很多空瓶子没人收拾，我去收拾好拿到仓库里。

○ **点评：**

看见您的慈悲，向您学习。

22. 带小宝出去玩得太累了，做完午饭，收拾完特别想睡觉，小宝缠着我讲故事。

看到自己的不耐烦，想发火。【看】

脑袋晕晕的，盯住不适感消失。【盯】

我执着于小孩不能闹，按照我的来，不可以缠着我。【挖】

我趴着睡觉，跟小宝好好说，妈妈有点累，睡醒了咱们讲故事，哄哄小宝。【改】

自评：原来我是一个强迫孩子的妈妈，我的控制欲这么大，看见了，才自由。

○ **点评**：

累了就休息，跟小宝好好说，哄哄他，只要咱们不被情绪牵着鼻子走，都没问题的；也不要给自己太严苛的标准，达不到要求就否定自己、否定修行；咱们要牢记，不跟随、不评判，多多练习。

23. 早上叫娃起床，吃完早餐准备送他去幼儿园，看先生在床上没反应，想着咋还不起床送孩子……还让我送……天天都我送。

看到先生没反应，自己有抱怨，有点小火气。【看】

自己犯懒，还责怪别人。【挖】

自己穿好衣服，带孩子走路去上学，就当锻炼身体了，回程还去买了些早餐给先生。【改】

○ **点评**：

这么年轻就修行越来越好，前途无量呀！真羡慕你家先生，有如此智慧又贤惠的妻子。

24. 队友终于按捺不住，买了《黑神话：悟空》这款游戏，还让儿子一起玩。

心中生出一丝不悦。【看】

想让队友和我的想法一样：让孩子少玩游戏。我最重要，都得听我的。【挖】

我对儿子说："儿子！这个游戏最近很火啊！你可以玩一玩，开学后就可以跟你同学吹牛了哈哈哈。"【改】

○ **点评：**

很及时，一念之间，世界就变了。如果你当时提出反对，得多扫兴啊！

25. 早上队友出门，门没关。又不关门！我看到自己想要抱怨的念头。止！

我走到门口说："我要关门了。"

队友说："我不关门就是等电梯来了给你说声拜拜！"

我笑着回道："好的呢，开心开心哈，拜拜！"

好险！还好及时看见念头。

○ **点评：**

确实好险啊！在生活中，及时看见，避免了抱怨，也避免了给队友带来不好的心情。

26. 讲完课布置好作业。一会儿，前排两个男学生开始恶作剧，把后排一个女学生的笔抢走藏起来。

看见他们不老老实实做作业，我情绪起来了，知道。【看】

感受自己呼吸变化。鼻孔在粗粗地呼气。盯着学生，情绪无法缓解，侧身。想想自己表情严肃。拍下来看，果然是。情绪缓解。【盯】

我不愿接受学生不听话。不愿接受男同学对女同学调皮捣蛋。不愿接受自己不被尊重。【挖】

恰好男同学爆粗口。我走过去，故意一言不发，把脸贴近他，盯着他的嘴巴。周围学生笑了。让他们站起来，开始批评。但心里不再像刚才那样生气。【改】

○ **点评**：

你哪天觉得同学间的嬉笑玩闹，做些小恶作剧，并非不可接受的事，你就真的自由了。

是啊，少男少女，多美好的年龄，多难忘的经历啊。

少男少女的小玩笑，是美好的回忆；

相比较而言，做作业反而显得无聊。

但"自我"希望别人少给自己惹麻烦，"自我"希望学生成绩优秀，自己受到表扬……

"自我"，关注的是自己的得失，不关注他人的美好。

所以，"自我"总在错过。

挖，是可以挖得这么深的。

其实也不需要挖，当你真正看见，这些模式会自己显现出来。

当你只是去看见，哪怕学生偷偷讲小话，做小动作，考试打小抄，都是青春里鲜活的小事。

你想想自己，和同学一起回忆起学生时代这些事，你不觉得挺有意思的吗？

并非说，你会支持他们这么做，你扮演的是那个老师的角色，但你知道这件事，情绪就不会控制你。

你可以制止他们、批评他们，他们也会停止。

但他们知道你并没有生气，你喜欢他们。

就是这种自由的状态，你会看见很多很多美好。

你会感激每一个学生，包括那个最调皮的学生。

你会真的关心学生，而不只是关心成绩。

你会关心他们快不快乐，而不是听不听话。

你会爱他们，
爱他们的青春，
爱他们的幼稚，
爱他们的捣蛋，
爱他们的倔强，
爱他们的淳朴和狡猾，
爱他们的提心吊胆和手足无措，
爱他们的天真烂漫和假装世故，
……
你也会骂他们，批评他们，
你甚至会生气，
这时的生气，是包含着爱。
你会为他们的错过遗憾，
你会为他们的无知哭泣，
你会为他们高兴，
也会为他们难过，
你知道他们每个人都是独立的，
每个人都有无限的未来，
每个人都有自己的路，
而你，心甘情愿，
成为他们前进路上的铺路石。
就像绿荷老师说的，碾碎方寸菩提心，甘做彼岸铺路石。
就是这样，老师，真的是一个很神圣的职业！
祝福你！

我看见了这个世界上最荒唐的事：

上帝是如此宠爱你，你却无比悲伤。
手上有最强大的武器，你却说没有力量。

真相每天都在给你提醒，你却视而不见。
身边有最丰盛的美食，你却一直抱怨饥饿难当。

你坐在金山上，说自己太穷，
你躺在大河边，说自己太渴，
你开着飞行模式，问为啥没有信号？
你自己不肯睁眼，却抱怨什么也看不见。

写着写着，就笑了，
笑着笑着，眼泪就出来了。

——蓝狮子《最荒唐的事》

学员评价

魏亮
民营企业家

觉察是一个很神奇的方法，也是一个在生活中修行的方法。修行就是降伏自心、增长智慧，解决生活中的烦恼和痛苦，让人越来越简单自在。

觉察就是知道此刻的正在发生。

刚开始你会因为工作忙而没有时间练习觉察，但当你练习之后就会发现自己没有以前那么忙了，因为专注力的增强会让你有效地处理工作，而以前的忙是因为时间都浪费在了念头上。

练习觉察之前，我是一个情绪的奴隶，经常被念头带走；练习觉察之后，从看到情绪、控制情绪、化解情绪，到很多事情不产生情绪。

正如本书的作者所说：觉察很简单，但不容易，需要持续地练习。

豪锅
前天使投资人

你认为要具备什么条件，你才是自由的？银行账户上，足够享用一辈子的资产？所在行业里，呼风唤雨的资源和声望？日常生活中，健康的身体和睦的家庭？

要我说，真正的自由，是不需要外在条件的，不是别人给你的，而是一份自由的心情，一份自己给自己的悠闲自在的感觉，无论外在的环境如何。

那如何获得自由？

你可以试试"觉察"，学习觉察，练习觉察，运用觉察。希望通过这本书，让你了解并掌握通往自由的方法。

皮蛋
自媒体从业者

毫不夸张地说，"觉察"这个方法，彻底改变了我的人生。二十多岁的我一度很迷茫焦虑，经历过大学辍学、抑郁、多次失业，慢慢对生活失去了热情，会恐惧和自卑，非常在意别人的评价，但又不敢坦诚表达自己的真实想法，不断自我批判。那种状态几乎失去了生命力，很痛苦。我很想改变，看过心理医生，也读了不少"鸡汤文"，但很多时候，也只是在逼自己去做好"应该"做的事，是压抑的，所以每次改变非常短暂，治标不治本。

直到我有幸接触到觉察。刚开始时觉得很简单，打坐观念头，也帮助整个心慢慢变得定了下来。后来深入生活中练习，发现好难，难在自己的脑子会不由自主地思考，不断去评判，容易去抱怨和撒谎，一不如意就先去挑别人的毛病，满足"自我"的一种安全感。等负面情绪爆发完了，我才意识到要觉察，才回到了当下，知道自己在做什么，接着就各种自责，不能接纳自己有不好的习气。但我相信，觉察是唯一能真正从根源上帮助自己改变的方法。

学习过程中状态还是容易不稳定，但明显感觉到烦恼越来越少了，整个人比过去更放松了，不那么容易紧绷，一碰到各种困难挑战，可能还是会有情绪出现，但情绪一出现基本就能看见，一看见就自然停止了，不再被带跑。越深入越觉得在生活中修行是很有意思的游戏，心也更自由了。持续练习后，妄念执着都减少了很多，越来越轻盈喜悦，和家人朋友相处大家也更愉快，做事也越来越快地掌握方法。这一切的转变都得益于觉察，很幸运也很感谢遇到蓝狮子，因为《觉察之道》，改变了我的一生。

和境评

电影制作人

觉察让我醒来了，觉察让我有了觉知，我知道我在呼吸，我知道在和别人说话，我也知道我正在说什么，我身心合一正处于当下的行为中……

就这样过了许久，我忽然感觉自己似是从梦中醒来，周围的一切那么如幻，又是那么可爱的存在，我对很多事不再执着。

我也深深地爱上了一切，他们是那么美好。

这是觉察给我带来的感悟，感恩天空般的《觉察之道》，包容着我的一切，接纳着我的一切。

小谦

一名十年职场打工人

第一次学习"觉察"课程时，蓝狮子带我们观念头。

观了一阵后，我傻乎乎地问蓝狮子，我感觉学会了，那观到什么程度就可以了？他笑着说："观，就好了。"

我当时很困惑，总得有个结果吧？他又笑着说："观，就好了。"

于是我将信将疑地试着去做，觉察练习做得也断断续续，并不精进，包括直到写感受的此刻，我观念头时依然做不到有些同学的安定状态。

虽然没有达到"安定"的"结果"，但还是有一些发现，我"看见"了自己没有看到过的自己。

跟朋友沟通时，我看到了自己隐藏的"傲慢"。

当面对妈妈的唠叨，我看到了自己内心的不耐烦，于是调整语气，感谢妈妈的关心。

在动车上，听到有人说话很大声，我"看见"了自己的烦躁，也"看见"了他的行为模式，心里不再那么烦躁。

通过"觉察"课程的学习和练习，我认识到内心的很多情绪、想法，本质不过是念头。我不再需要进行自我的劝导，只是去"看见"，情绪瞬间消减很多。

记得心理学家荣格有句话：很多问题无法被头脑解决，但可以被超越。

当时只觉得这句话很酷，学习"觉察"课程以后，以前可能要自己分析开导才能解决的困扰，借助觉察之剑，只是一眼，就轻松化解。

觉察之剑无往不利，让我们一起做生活中对治烦恼的勇士！

笑堂主

必经之路小七 \ 素心堂主理人

世间行，谁可护你周全。

于我，《觉察之道》这本书，就是一个护身符。

当遇到迷途，有它，如灯如炬，领我踏上坦途。

当我遭遇万箭向己，有它，如金光护体，毛发不伤。

或当开心得意，有它，不会得意忘形，亦可锦上添花；又或一地鸡毛时，有它，可扎起鸡毛掸子，助我扫除烦恼。

希望你也可以，有此《觉察之道》，以此护身，乘风破浪，所向披靡！

大梅

饰品店店主

我有两个孩子，同时经营着一家饰品店，朋友面前的我热情、善良、乐于助人，值得信赖。可在家人面前我却是一个情绪失控者，稍不顺心便大发雷霆。

"觉察"真是一个神奇的方法。我最初是不信的，抱着尝试的心态，练习了几天，竟然发现生活中的那些烦恼事，不仅可以轻松化解，还能给乏味的生活平添一份乐趣。

分享在我生活中的一些觉察案例，希望对正被情绪控制的你有些启发。

1. 一直不太喜欢妈妈的唠叨，每次遇到这样的场景都会很不耐烦地打断妈妈。

   回老家看望爸妈，不希望妈妈太辛苦，饭后抢着洗碗。妈妈在旁边不停地指点。觉察到自己一丝不悦的念头升起，遂按照妈妈的要求来，边洗边和她打趣："老妈厉害啊，按照您教的方法，果然碗洗得又快又干净。"妈妈在一旁哈哈大笑，说我是马屁精。

现在觉得听妈妈的唠叨是一件很幸福的事。

2. 女儿的学习一直不太理想，每次得知她的成绩后，家里都免不了一阵鸡飞狗跳，先生多次劝我接纳女儿的平庸，都被我拒绝。

女儿又一次拿着试卷战战兢兢地来到我的面前，我淡淡瞟了眼试卷上的分数，笑着说："不错，进步空间还很大嘛，想吃什么，妈妈请客。"

女儿错愕地望向我："你不生气吗？"

"你那么努力，成绩却并不理想，最难过的是你呀，所以妈妈对你只有心疼呢。"

看见女儿的眼圈红了，女儿比成绩重要。

3. 订网约车参加朋友举办的公益活动，因临时有事，耽误了几分钟时间，师傅很生气。

我和师傅道歉："都是我的错，耽误您时间了。"师傅面色有了些缓和。一路上我和师傅说说笑笑，下车多付几元小费，并大声祝福他"生意兴隆啊"，师傅和我都很开心。

4. 出差去同觉寺，人潮涌动的候机大厅，到处是行色匆匆的旅人，不自觉地加快脚步，想加入这忙碌而疲惫的人群大潮中。看见焦虑，放慢脚步，一步一个脚印扎扎实实地踏在坚实的大地上。

5. 我懒，我有理。关于我懒这件事，是家里尽人皆知的秘密。而现在不一样了。

洗好的衣服，轻轻拿起、挂好、抚平皱褶，很美妙的过程，衣服高兴，我也高兴。

洗碗，水装满，拿着抹布在碗里慢慢仔细地擦洗，过程像是给碗做全身SPA。我和碗都很享受这个过程。

从排斥到接受再到现在自然而然做家务，并享受这个过程，让我真真切切地感受到生活处处皆可修行。

坚持打坐近一年的时间，觉察在生活中践行的机会越来越多，内心也越来越安定，接纳一切事情的发生。心自由才是真的自由。

我不知道你正在经历什么，如果你和曾经的我一样正在被不良情绪所控制，又很想改变现状，我建议你仔细阅读这本书，并尝试按照书中的方法去实践。坚持一段时间后，你会发现那些曾困扰你的情绪，其实是帮助你智慧增长的一个礼物。

烦恼即菩提！真实不虚。

慧敏
寿险规划师／培训师

2022年最幸运的事，就是加入"必经之路"，学习觉察及如何在生活中修行。以前总被各种世事困扰，学习之后，才明白困住自己的是那颗妄念纷飞的心。

总以为只有得到越多才会越快乐，殊不知那一层层的欲望都是套在自己身上的枷锁。当我开始觉察自己的每一次起心动念，找到自己情绪背后的执着点，当我开始向内求时，我成了自己的观察者，体会到安住在每一个当下的自在。

典典

瑜伽练习者

觉察是一个神奇的方法。

一旦你学会了觉察，生活开始从细微处变化。

一旦你熟练运用觉察，生活就会发生翻天覆地的变化。世界还是原来的世界，你已不是原来的你。

随手翻开一页《觉察之道》，都可撷取，甘之如饴！修行人的枕边书推荐给你，愿君如意！

赵言

信息科技公司总经理

第一次看到《觉察之道》是很好奇的，蓝狮子说："掌握了觉察之道的要领，能解决生活中90%以上的难题和问题。"这点我将信将疑，这么多年，学了那么多知识，认识了那么多所谓的"大师"并没有改变我什么。这本书真的可以改变我吗？出于多年对蓝狮子的崇拜，带着这种"好奇""将信将疑"，开始了《觉察之道》的学习和尝试。

前期的学习效果并不太好，记得有次，一个朋友质疑我："抄一亿部《心经》，开什么玩笑？我敢肯定你们不可能完成的。"我感受到对方语气的讽刺和不屑。我瞬间愤怒了，回道："你了解蓝狮子吗？你知道他为了'必经之路'放弃了多少东西吗？"在不断争执中，自己也越发地失去了理智和智慧，最后成为互相攻击。

2023年元旦，我在海南的某个酒店，利用整整一个下午的时间，把《觉察之道》又认真学习了一遍。之后的半年多时间，坚持打坐，每天提交觉察作业。生活中的事情，仍然接连不断，问题并没有减少。但是大多数的时候，我能看到自己的念头，体会到蓝狮子文中"知道有念，知道无念，知道就好"，不再由着习气去对待问题和身边的人。

举个例子：公司组织演讲比赛，选手整体表现很糟糕或者可以毫不夸张地形容"烂透了"，我马上看到内心的"情绪之火"在涌动。但在那一刻，我也意识到了，是我对大家有期待，希望大家按照我的标准去做。"看见"了了自己的念头。结果从"狂风暴雨"转变为"和风细雨"，我让每个人对自己的表现进行了总结，全程没有指责、抱怨，只有鼓励、肯定。更重要的是我改变了自己原有的习惯模式。

还有一次和公司的股东一起去办事，路上闲聊。他说："要我说，你的修行都是假的，真正的修行就应该像山里的那些隐士，远离世俗。"我："是啊，你说得太对了，我也觉得我很笨的，所以学了这么多年，也没什么长进，你今天点醒了我呢。"按照习气，我还是很要强的，但这次觉察提起得很快。

类似上面的例子还有很多，于我而言，《觉察之道》让我学会了"看见"，能够跳出事情，"看见"自己的情绪以及情绪背后的执着点，不再被念头、习气带着走。

受蓝狮子邀请分享关于《觉察之道》的体会与感受，在片刻的欢喜之后，马上觉得很惭愧，其实我还差得很多呢，修行这条路也只是刚刚开始，与此同时，我想用那句"踏向彼岸的每一步，都是彼岸本身"与大家共勉！

小青
一名退休的书法老师

觉察就像一面镜子，时不时照见我内心的妄想执着，然后一一对治。

这一年多，我采用"一看、二盯、三挖、四改"的方法，对治自己"嫌麻烦"的习气，变化挺大。现在遇事不退缩，勇敢接纳，内心也慢慢有力量了！感恩！

黑糯米
教育项目设计师

在《觉察之道》里，蓝狮子简洁明了地告诉大家——觉察，是一种知道。

知道自己在想什么，知道自己在说什么，知道自己在做什么，知道自己的感受，知道自己的情绪，知道自己的知道……

只是知道，知道就好。

知道了，又能怎样呢？最起码的一点是，如果能够及时知道，对"自我"的习惯性自动反应及时清醒，我们就有机会及时做出不一样的行动选择。

觉察很简单，甚至简单到不用学，只是知道，知道就好，你会发现自己本来就会。

觉察很难，因为它太简单，就像呼吸一样简单，而一再被人们忽略。

就在刚才，你注意到你正在呼吸了吗？你注意到你的身体姿势了吗？你注意到你的想法到哪里了吗？无论是否注意到，此刻你的觉察已经开始启动了。关于觉察本身的知道，也很有意思。

开始，你没有概念，不知道自己不知道；

然后你开始了解，知道自己不知道；

再然后，你开始掌握，知道自己知道；

再再然后，你开始熟练，不知道自己知道；

再再再然后，随着觉察经验和能力的提升，也许你的觉察精度、速度和持续力都增强了，可能会进入新一轮的循环；

再一次，你从不知道自己不知道，到知道自己不知道，到知道自己知道……缓缓螺旋上升，仿佛没有止境，开始了游戏的无尽挑战模式。

哈哈，这一刻，我知道自己已经越讲越多啦。也许你此刻也已经发现了，觉察是一种知道，也是一种有意思的关于"知道"的游戏。

所以，一起来玩觉察的小游戏吧。

如果玩得够认真，你可能会发现，生活的烦恼渐渐变少，乐趣渐渐增多，面对问题的困惑渐渐减少，解决问题的智慧渐渐增多。

如果玩出专业水平，可能你还会一不小心发现生命大游戏的通关秘密！这话其实并不是我说的，但你真的可以相信！

觉察很简单，你本来就会，但因为你感觉本来就会，所以会很难。

觉察太简单，又因为太简单而太难。不信？跟着《觉察之道》的游戏攻略做做看。

徐建
某医疗机构合伙人

觉察，是一个神奇的方法，我最初是不信的，抱着尝试的心态，练习了几天，竟然体验到了它的奇妙之处。

在没有练习之前，当出现烦恼、恐惧、愤怒等情绪的时候，自己瞬间就会被这些情绪带跑，从而产生一系列的焦虑、胆怯和嗔恨。

后来，经过学习这个方法，发现自己的负面情绪显著减少，而那些所谓的烦恼，只不过是我们的一个念头。觉察，正是对治这些烦恼最有力的武器。

只要经过简单的练习和运用，某一天，你也会像我一样惊奇地体验到：当万千的烦恼出现，你只是一眼，它们全部消失不见。

非常敬佩和感恩《觉察之道》的作者，将多年的实修和体悟经验编辑成册，并无私地将这个最强大的方法，用最简单的方式，传授给我们，让这个世界，又少了一个被情绪控制的奴隶。

俊池
某信息技术公司董事

《觉察之道》是一本足以改变我人生轨迹的神奇之书。

其实"觉察"一直是我的常用词语，暗自觉得自己的"觉察"还是不错的，只是不明白为何生活中焦虑依旧、愤怒依旧、执着依旧。

当我尝试用书中的方法梳理和分辨，什么是觉察、什么是反省、什么是被情绪带走了……才发现之前的"觉察"，很多时候早就被情绪带走了而浑然不知。

建立正确的认知后，当我在生活中去实践和练习，不得不承认这真是个奇妙的方法。觉察可以让我在纷繁内耗的生活中，内心一次次体验到清爽、欢喜与自由。

·· 跋 ··

我现在是一名修行人，曾经也是。

我曾经是一名程序员，现在也是。

生活总是这样，永远不知道下一刻会发生什么。最初，只是想写篇文章，介绍觉察这件事，没想到半年过去，逐渐演变成一本书了。后来陆续更新了十几个版本，结构也发生了一些变化。最终形成你现在看到的这个样子。不过，我把自己每个阶段的修行体悟，加一部分到书中，用更通俗的语言，更简单的描述，来让读者理解什么是觉察，什么是修行。

这本书在不断完善的过程中，得到了"必经之路"很多同学的支持，书中的案例，来自同学们的真实作业。写本书的最初目的，是为了支持"必经之路"。"必经之路"成立于2016年10月，一步一步发展到现在的纯公益的模式，走出了一条不一样的公益之路。我们没有线下的办公场地，没有全职的志愿者，没有一个人领工资，我们提供的服务，也尽量不收任何费用，不做任何以盈利为目的的事。如今，"必经之路"就像一个独立的生命体，会自我成长。未来会如何，没人知道，但我相信，"必经之路"会成长成这个社会需要的样子。

你能看到这里，说明你对觉察这件事有一定的兴趣，或许你开始体会到"看见"的妙处，打开了一扇门。可能你的情绪明显减少，性格也调柔了很多。那恭喜你，你开启了一个新的世界。但也别得意，因为很容易退转。退转，就是又回到以前的状态。因此坚持练习座上修和座下修，要成为你生活的常态。这种觉察练习，就是生活本身。

这本书若能有些许善业，我愿献给所有被情绪困扰和折磨的人，愿他们能开启智慧，早日从困境中走出来！愿世间所有修行的成就者，能长久住世，不舍众生！愿本书的所有读者，能获得丰富而无止境的利益！愿此书的方法，能帮助他们走上修行之路，获得圆满智慧，证悟成佛！

关于作者笔名，最后做点说明。

佛教的各位菩萨中，红文殊的坐骑是一头蓝色狮子。我取名蓝狮子，是希望自己成为各位修行者的坐骑，希望自己能为众生的修行提供服务：

于诸病苦，为作良医；于失道者，示其正路；

于暗夜中，为作光明；于贫穷者，令得伏藏。

——《普贤行愿品》

蓝狮子到底是什么样子？这里有几句描述：

我是很多人眼里的智者，也是很多人眼里的傻子；

我让很多人尊敬，也惹很多人嘲笑；

我是最高贵的，也是最卑微的；

我是最富有的，也是最贫穷的；

我是最慷慨的，也是最吝啬的；

我是最随性的，也是最认真的；

我是最懒散的，也是最精进的；

我是最慈悲的，也是最无情的；

……

附一首小诗《我是那微弱的光》，算是自我介绍。

山高水长，后会有期！

蓝狮子

我是那微弱的光

两千六百年前，
你来到这个世界，
带来一粒种子。
种子发芽、开花、结果，
又产生新的种子，
飘散四面八方。
循环往复，春去秋来。

两千六百年后，我收到一粒种子，
我把她种在了心里。
种子发芽、开花，
散发出微弱的光。
有了光，我才看见这个世界；
有了光，我才看清这个世界：
我曾以为的光明，原来是一片黑暗；
我曾向往的美好，原来是如此不堪；
我曾追求的名利，原来只是浅滩上的沙；
我曾执着的一切，原来只是虚空中的花。

一切开始颠倒，
世界轰然崩塌。
目光所到之处，看到的都是自己，
念头所达之处，出现的就是世界。
曾经的爱恨情仇，无非是云彩朵朵，
曾经的生离死别，不过是片片浪花。

我安静，世界也随之安静，
我疯狂，世界会陷入疯狂。
不，我怎么会疯狂？
那微弱的光，治愈着一切。

不，我从不需要治愈，
也从来不会受伤。

我就是一切，怎么会受伤？
受伤，只是成长的蜕变，
成长，也只是梦里的新娘。
我也从不需要成长，
我本就圆满，
成长又会去向何方？
我不用去远方，
因为我就是远方。

写诗时，
我就是这首诗；
开花时，
我就是那朵花；
结果时，
我就是那粒种子；
发光时，
我就是那微弱的光。

是啊，我本就是那微弱的光。
因为那粒种子，我认识了你，
也成了你；
因为那粒种子，我成了那朵花，
也成了那束微弱的光，
从古到今，从今往后，
亘古久远。

——蓝狮子

觉察之道

觉察，

是最容易的，也是最难的；

是最简单的，也是最强大的；

是最基础的，也是最高深的；

是最初级的，也是最究竟的；

是最入世的，也是最出世的；

是前进的路，也是路的终点；

是渡河的舟，也是河的彼岸；

是练功，也是功；

是一，也是一切。

蓝狮子

本名文德，曾用笔名鬼脚七，修行人，畅销书作家，公益组织"必经之路"创始人。

代表作：《人生处处是修行》《人生所有经过的路，都是必经之路》。

曾在阿里工作九年，从基层员工做到高管；曾以"做自己""爱生活""解读老子智慧"等主题做公众号自媒体"鬼脚七"，积累了百万粉丝；曾不带分文徒步两千余公里，从五台山走到峨眉山，在心灵上实现了一次"行禅"。

2018年至今，远离城市喧嚣，长期在山间修行。

本书化名"蓝狮子"，发愿成为众生修行路上的坐骑，引导人们在生活中修行，帮助人们增长智慧减少烦恼。